受用一生的智慧课

思言 ◎ 编著

民主与建设出版社
·北京·

©民主与建设出版社，2018

图书在版编目（CIP）数据

受用一生的智慧课 / 思言编著. — 北京：民主与建设出版社，2018.4

ISBN 978-7-5139-2077-3

Ⅰ.①受… Ⅱ.①思… Ⅲ.①情商–通俗读物 Ⅳ.①B842.6-49

中国版本图书馆CIP数据核字（2018）第057338号

受用一生的智慧课

SHOUYONG YISHENG DE ZHIHUIKE

| 出 版 人：许久文
| 编　　著：思　言
| 责任编辑：王　颂　袁　蕊
| 出版发行：民主与建设出版社有限责任公司
| 电　　话：（010）59419778　59417747
| 社　　址：北京市海淀区西三环中路10号望海楼E座7层
| 邮　　编：100142
| 印　　刷：三河市天润建兴印务有限公司
| 版　　次：2018年4月第1版
| 印　　次：2018年4月第1次印刷
| 开　　本：710mm×1000mm　1/16
| 印　　张：17
| 字　　数：130千字
| 书　　号：ISBN 978-7-5139-2077-3
| 定　　价：39.80元

注：如有印、装质量问题，请与出版社联系。

前言
PREFACE

什么样的人最幸福？须知参差多态，乃是幸福的本源。

虽然萝卜白菜各有所爱，人与人的审美观各不相同，但若能成为大多数人所喜欢的类型，这大概是所有人的心愿。

如果把范围限定于女人，那么什么样的女人是幸福的呢？

我想具有爱与被爱的能力的女人，大抵会是很幸福的。

女人们对丈夫的选择标准一直在演变，相对于充满英雄气概的孙悟空，很多人开始倾向于选择猪八戒做老公，因为他更能明白女人的心思，更体贴，更暖。但是男人们对妻子的选择标准变化则相对较小，一直以来，男人们需要的是温柔体贴的妻子，而不会是凶横的悍妻，哪怕是卓越的、优异的、"处于食物链顶端的"，似乎越是这样，越让他们感到不安。所以温柔的性格，在大多数男人看来都是加分项。

人与人相见，第一印象相当重要，有可能这个印象，在人心中存留了一生。两个陌生的男女相见，容貌

前　言
PREFACE

肯定会起相当重要的作用，尤其是对所谓的"视觉动物"们而言，甚至将"颜值即正义"这句戏谈演绎得真假难辨。所以，有意于此的女人们，你们一定要注意自己的外貌，学会打扮，擅用化妆，衣着可以不华丽但要尽量整洁；鞋包可能不名贵但求搭配有品，要记住：这个世界上永远没有丑人，只有懒得变美的人。

当然，外貌并不是最重要的因素。空有外貌而无内在，当年老色衰的那一天，恐怕只能徒留悔恨。所以你若没有迷人的外貌，也大可不必悲观失意，你可以改变自己的气质，腹有诗书气自华，气质由内而外不由外人施与，有气质的女人何惧色衰而爱驰！

最重要的是，天生丽质、人见人爱的女人不一定就要受人保护，你自己的命运完全可以、也必须要掌握在自己的手里。

要想改变自己的命运，方法有很多种，要知道"条条大路通罗马"。当你命运不好时，千万不要一味地怨天尤人，不要光看到别人的命好，而被焦躁、迷惘、嫉妒的心态蒙住你的双眼，从而让阴霾遮住你人生的光亮，这等于将自己置身于黑暗的世界。在别

前 言
PREFACE

人欣赏鲜花、光明的时候，你却只能独自一人品尝那黑暗所孕育的苦涩的果实。

命运不是注定的，你的命运只掌握在你自己的手中。好与不好，全在于你所做出的抉择。你可以拥有一个不同的命运，只要你愿意改变自己。

因此，若要想掌控自己的命运，就必须紧紧抓住那些自己可以改变的，这样简朴实用的道理写在下面：当你无法改变长相时，那就设法改变自己的气质；当你无法改变生活时，那就设法改变自己的性格；当你无法改变既定的事实时，那就设法改变自己的心态；当你无法改变智商时，那就设法改变自己的情商；当你无法改变地位时，那就设法改变自己的品位；当你无法改变身材时，那就设法改变自己的口才；当你无法改变出身时，那就设法改变自己的未来。

你若努力生活，你的从容不需要他人允许，你的成功不需要他人定义，你的美丽不需要他人打分，你的价值不需要别人衡量，你自己怎么过得开心，不需要别人指指点点！

目 录
CONTENTS

第一章
所谓伊人

001

01 气质——你的品牌 / 002
02 有所期许的人，热情四射 / 006
03 优雅的气质，远胜于漂亮的外表 / 008
04 幽默的人，运气都不会太差 / 011
05 真诚会让你更加美丽 / 016
06 有涵养的人，一定有魅力 / 018
07 脱俗而立，独具魅力 / 021
08 美女一直在修炼 / 023
09 自信，拥有独立的资本 / 026

第二章
受欢迎的性格，受欢迎的人

029

01 做真实的自己，不要迷失方向 / 030
02 温柔的性格，极具吸引力 / 032
03 示弱，女人温柔的核武器 / 036
04 别欺负自己 / 040

05 管住嘴巴，防止祸从口出 / 043

06 过度依赖，幸福不再来 / 045

07 留有余地 / 048

08 爱自己，才值得被爱 / 050

09 指责别人，伤害自己 / 054

第三章
心态好才是真的好

057

01 放下烦恼事，保持平常心 / 058

02 控制自己的情绪，不要被冲动的魔鬼左右 / 061

03 与人攀比，自寻烦恼 / 064

04 嫉妒难免，请巧妙面对 / 067

05 完美，人性的陷阱 / 070

06 勇于面对，积极调整 / 073

07 别吓唬自己 / 077

08 驱散忧郁，不要放弃 / 082

09 一切恶行都围绕虚荣心而生 / 085

10 宽容是一种有益的选择 / 089

11 生活更简单，快乐更容易 / 094

第四章
情商在线，爱情保险

099

01 最亲近的人，包容你最糟糕的一面 / 100

02 跟爱情打个招呼 / 103

03 爱情宣言 / 106

04 长久的爱情需要讲技巧 / 110

05 择偶误区 / 113

06 信任源自了解 / 116

07 当女人选择结婚时 / 118

08 在爱情里留出个人空间 / 123

09 徜徉爱河，不要迷失自己 / 125

10 汝之蜜糖，彼之砒霜 / 128

11 红颜知己——一种亲切的疏离 / 131

12 懂得爱，也要懂得被爱 / 135

第五章
书、品、调

139

01 幽幽女人香 / 140

02 淑女的自我修养 / 143

03 断舍离，做一个生活中的智者 / 146

04 学习，优化你的品味 / 148

05 美姿仪 / 151

06 要秀外，也要慧中 / 157

07 腹有诗书气自华 / 159

08 阅读不等于思考 / 164

09 追求优雅的气质，永不停歇 / 167

10 加强修养，提升品位 / 170

11 展示个性 / 174

12 微笑，把魅力写在脸上 / 179

第六章

口吐莲花，人生"开挂"

183

01 优雅的言行，让人向往 / 184

02 语言尖刻，伤人伤己 / 187

03 友善做人，左右逢源 / 190

04 说话，要为对方着想 / 193

05 话留三分余地，才能进退自如 / 196

06 争论的结果，往往事与愿违 / 201

07 学会找话题，谈话更顺利 / 206

08 沟通的方式要灵活 / 210

09 委婉表达，曲径通幽 / 214

10 礼节的重要性 / 218

第七章

人生不易，要努力生存

223

01 搞清楚自己要什么 / 224

02 女人要有自己的事业 / 229

03 学会理财 / 232

04 辛勤且快乐地工作 / 235

05 兴趣是生活中的糖 / 239

06 明确目标，坚定追求 / 242

07 办公室中应了解的生存法则 / 245

08 让自己更优秀，才能晋升 / 247

09 慎重地权衡利弊 / 251

10 不断挑战自己，实现自我价值 / 253

11 自强不息，达到事业的顶峰 / 257

12 能力才是生存法宝 / 260

第一章
所谓伊人

　　外表固然重要，但美好的心灵和德行更重要。长相是由基因决定的，先天条件无法改变，而个人气质与修养是可以后天造就的。外表只是一时，而长久的是内在，有表无里，是不能长久的。坦然接受不能改变的，去关注自己的优点，培养自己的特长及优势，这让人更加富有魅力！

01 气质——你的品牌

每个人所持有的气质是自己与他人的主要区别，它既是你高举的名片，也是你的品牌。品牌是一种无形资产，它可以增加你的魅力，又可以使你的成功最大化。一旦将气质打造为品牌，就像拥有了神秘的力量似的，做起事情来会更加顺遂。气质是最持久的底妆，因为无论你漂亮与否，高雅的气质都将使你光彩照人。有些人的漂亮往往流于表面，而气质却渗透整个身心，并会永驻于他人的印象之中。

相对于漂亮而言，气质无法先天继承而来，只能经后天培养、维护而获得。太年轻的孩子不能给人以足够的信任感，太平庸的人则无法给人以梦想，而太炫目的人容易遭到嫉妒。唯有气质人，才可以在各种场合都游刃有余。

女人的气质犹如花之魂、水之韵、松之魄，无影无形，很难用语言形容。诗人徐志摩曾被一位日本少女的温柔气质所感动，写下了著名的诗句："最是那一低头的温柔，像一朵水莲花不胜凉风的娇羞……"

而现代女性越来越讲究"内外兼修",在气质的修炼上纷纷找准文化入手的捷径。于是,女人的气质便演化出高贵、性感、情趣、妩媚或神秘。

每个人都渴望自己能拥有不俗的气质,而渴望就是推动人做出改变的动力。要想气质高雅,应从以下几个方面做起:

(1)品德的修炼和情操的陶冶

一个没有道德感或者品行低下庸俗的人是不受欢迎的。与此紧密相关的是文化修养的问题,但这里的文化修养不能简单地理解为多看几本书、多拿几个学位,或是多学得一些知识。无疑,多看书、多学知识是文化修养的内容,但不能仅局限于此。

我们所说的文化素养包括:广博的知识、深刻的理解能力、良好的审美观、丰富的联想力、完备的思考能力等等。达到这个目标的方法只有一个,就是学习。学习的途径不只是多看书,还要多参加各种社交活动、文娱活动,多接触人,多交谈。从社交中获得知识也是一个很重要、很有益的途径。

(2)使自己说话的声音动听

女性的声音或轻柔圆滑,或慵懒性感,或清脆或略带沙哑,都像一曲曲动听的音乐,给人以无限的憧憬、幻想、回忆。有些人可能会说,声音是天生的,我天生的声音就不好听,这怎么改的了呢?话虽这么说,但是我们可以改变自己能控制的部分,注意自己说话的语调和语速,语调抑扬顿挫,语速适中如溪水潺潺流来,同时控制好音量,这也同样能给人以美感。

(3)不要惧怕显露真实情绪

不论什么样的喜怒哀乐、柔情蜜意,都不应过度加以隐藏。一个经常压抑、掩藏情绪的人，会被视为冷漠无情，不论男女，喜欢和一座冰山交往的人毕竟是少数。

（4）不要斤斤计较

与人交往的过程中，要心胸开朗、豁然大度，千万别小心眼、小家子气。不要为一点点小事就大动肝火、斤斤计较，甚至在许多场合弄得大家都非常难堪而下不了台，这样的人惹人生厌。

（5）不要卖弄聪明

每个人都有自尊心，也都有可以引以为傲的地方，所以想展现自己的优势博得关注，这种需求每个人也多少都能体会。但是别忘了，刻意的卖弄是缺少教养的表现，反而会给气质减分。当然，在对方不擅长的地方恰当地给予帮助，这不是卖弄，倒是需要善用的机会，是表现关注与体贴的好时机。

（6）平视之心

不能因为别人与自己观点不同，表达能力有差异，就显示出不耐烦或瞧不起别人的样子，当然也不要因自己的身份、地位不如人家而过分谦卑，或因长相一般、服饰无华而自惭形秽，对待任何人都需要有平视之心，落落大方、不卑不亢是一个人气质高雅的根基。

（7）不要忽视仪表

世界上没有丑陋的人，只有懒得让自己变美的人。三分人才，七分打扮。从这些话中，我们可以看出打扮的重要性。打扮不仅仅是为了自己心爱的人，也有其社会性目的。在生活中，一个注重仪表的人比一个不修边幅的人更受别人的关注，其中有很多是来自异性的关注。工作上更能得到同事和上司的认可，生活上能得到更多人的喜爱。

（8）悲悯之心

史怀哲曾经说过：当悲悯之心能够不只针对人类，而能扩大涵盖一切万物生命时，才能到达最恢宏深邃的人性光辉。很难想象一个心底狠戾残忍的人，在气质上能带给人什么愉悦的感受。而悲悯意味着对苦难的感同身受，心怀悲悯的人待人接物时自会有所体现，温柔与高贵弥散在这人的气质之中，若隐若现，引人瞩目。

有气质的女人不矫揉造作，她们自我、自信，还有温柔坚定的力量；成熟，还保持着好奇心；书卷气，但不刻板；衣着得体、大方又不失妩媚；有情趣，有内涵，极具欣赏价值。

一个有气质的女人，需要内涵、修养与智慧共举。所以要不断丰富自己的内涵和修养，增加自己的智慧，培养高雅的气质，保持的善良柔和，具备了这些美好的特质，自然就会焕发出迷人的风采，成为一个魅力十足的女性。

02 有所期许的人，热情四射

热情是生命中的亮点，不在于成熟或者幼稚，不在于稳重或者张扬，不在于职位的高低，那是自身焕发出来的一种压抑不住的激情，是每个人都具备的。热情的来源是兴趣，是好感和认可，是潜意识中本质的一种表现。

热情并不是时时高擎着四下张望，热情需要激励，需要唤醒，更需要回应。换句话说，热情是在与自己相知相识的人的接触中不断产生的火花。零星的火苗点燃了对美好的期待，面对一个根本不入自己眼睛的异性，恐怕谁都没有兴趣展现出多少热情。

热情在不断接触的过程中点燃，是情感的助燃剂，是生命中的激情，是精神愉悦的点点涟漪。感情会外延，散发热情的人热爱生活，对生活有期许，眉目传情扫死千千万，嫣然一笑万山横。充盈着热情的人眼睛会放光，容颜也会更加的性感。

热情的焕发必须要有真实作为基础，聪明人不会整天炫耀自己这

第一章
所谓伊人

好那也好，不会为了满足一时的虚荣给自己招惹麻烦，热情要一点一点地散发，对自己的热情的外溢保持节制。用真心换真意，在你喜欢的时候，用热情冲散冷漠和拘谨，对生活的期许终会有所回报。

热情可以伪装一时，但是难以持久。真实的热情是生活中的甜点，背离真实的自我，无论怎样努力都会缺乏鲜活的感觉。当你接收到别人的热情和友善，请不吝回以微笑吧。

热情是灵魂忠实的卫士和亲密的朋友，它们不是姊妹关系。更多时候热情是灵魂深处美好的表现，是一种升华。如果一个人想要了解另外一个人，必须通过沟通或者仔细地观察，才能进一步确定自己的真实感觉。可在最初必须要有什么东西能引起关注才行，这个时候热情就站了出来。什么样的人更容易收获爱情呢？第一次接触的时候就感到亲切，两人好感的融合造就了"触电"的感觉。人们常说的"稀里糊涂的爱"，有很多都是被对方的热情所吸引，或是对人的热情，或是对做某件事情的专注，或是对生活的热情，继而被热情所散发的魅力所征服之后产生的那种近乎眩晕的感觉。而此时两人关注点的交融，往往便成为一段感情的启始。

没有谁希望自己平淡地过一生，不出彩的生活就像沉重的石磨，会把有限的青春碾得粉碎，婚后的女人往往觉得自己不需要热情了。其实是大错特错，因为她们心中并不缺乏幻想，甚至比婚前对爱情的渴望更甚。只不过是少了一些在幻想中找感觉的机会而已，生活只是更加的真实了。可应该清楚地看到，真实的生活才更能激发自己的热情，毕竟自己身边所拥有的是真真切切的，实实在在的，辛苦得来的幸福啊。

热情是驱散阴霾的探照灯，更是吸引爱人一步一步走过来的指挥棒。聪明的人会懂得把自己的热情精准投放，将生活调剂得更加甜蜜。

03 优雅的气质，
　　远胜于漂亮的外表

优雅，是一种高文化修养的表现，举止言谈时时处处都要显得很有格调，有品味，包括穿衣、表情、动作。

魅力的形成是后天可以装饰出来的，而内容需要积累，那是一种神韵与情致的结合。魅力也是智慧的体现，是对自身的定位、对自己生存状态的洞察力和分析力，对人生的一种领悟。要知道，优雅的气质远比长相漂亮重要得多、也持久得多。那么，怎样才算是一个优雅的女人呢？通过观察，她们具有如下的共性：

（1）自信

自信的女人是美丽的、愉快的。做什么不一定要说出来，因为别人看得见，大肆宣扬反而让人觉得你浅薄。聪明的人一直都是在夸别人，同时借别人之口宣传自己。还没有成功的事情不要总给别人希望，凡事要放在心里，自信可以表现在脸上，但是话还是要埋在心里。

（2）微笑是最好的名片

微笑会让你留给人很深刻的第一印象。不要呆若木鸡，也不要笑得花枝乱颤。不需要笑不露齿，只要轻轻上扬一下你的嘴角。

与微笑搭配使用的是可以表达更多情绪的眼神，听别人说话或者跟别人说话时要善用眼神交流，既不要一直盯着人家的眼睛，也不要左顾右盼。根据你想传达的意思，掌握眼神接触的频率和时间长度，眼睛最能传达内心的情感。

（3）仪态大方

抬头挺胸收腹的站姿最通勤，不管在哪里，在哪种场合，只要保持这种站的形态，都能让你看上去挺拔秀丽，也庄重。长此以往就会形成一种习惯，不用刻意板着，也能达到这样的效果。当然，自然放松的站着，也可以有慵懒随意的味道，每个人都有自己不同的风格，并不是只有一种姿势才是美。但是有的站姿确实难看，我们不妨观察一下身边的人，当你看到一个人立在那里七扭八歪、一站三道弯，直观感受是"低级痞气"；看到一个人含胸驼背溜着肩，不禁就想到"劳苦不顺"，总之站不好真的会给气质打折。

坐姿的优雅。美女坐着，该怎样安放大长腿，或者怎样显得有大长腿呢？可以双腿并拢前伸，双脚可以并拢或者脚踝交叉。脚前伸的姿势会让腿部看起来更长。还可以双腿并拢，侧向一边。上身正对面前的人，脚踝也可以交叉，从对面的角度看来腿部会十分修长。但是注意，穿平底鞋时选用以上两种坐姿更合适，因为穿着高跟鞋时，双腿不容易伸展开。还有一种坐姿会让你看起来更瘦，侧转肩膀，3/4正对前方，腰部也同样侧转。侧身坐姿能让整个身形看起来更瘦，腿部与身体呈S型摆放。这个姿势更加适合穿高跟鞋。

走路时首先要站直，头部的端正和向上挺拔可以让颈椎合理支撑头部的重量，颈部线条也能更流畅和优美。模特们的身材人人向往，看维密走秀，头部的姿势非常重要，千万不能歪，不说走秀，在生活中也是一样的。收腹提臀，不仅看上去可以更瘦更美，如果可以长期坚持，确实也会起到减肚子的作用。走路的过程中请注意自己的胳膊，经常看到有人走在路上怎么舒服怎么来，甩手臂的幅度非常夸张，不仅不美观也会给他人带来不便。迈步时从脚跟到脚尖"滚动"着落下，再抬另一只脚。走路时臀部适当地向前扭动，让腹部肌肉承担更多的力量。

（4）智慧的头脑

"花瓶"是一个极贬义的形容，哪怕确实是对自己的要求不甚严格的人，也不愿意被扣上这顶帽子。一个人的智慧、思想和精神世界被旁人判断为"空"，这实在是让人难过，谁也不甘被如此轻看。

所以抓紧时间充实自己的头脑，多看书，培养华丽的气质是非常重要的，即使没有很高的文化水平，也可以学习一门技能，让自己在工作中得到乐趣，否则会很容易沦为别人的附属品。

04 幽默的人，
　　运气都不会太差

幽默是一种双商高的表现，在社交场合中经常需要运用到它。

幽默可以让你在面临困境时减轻精神和心理压力。俄国文学家契诃夫说过："不懂得开玩笑的人，是没有希望的人。"可见，生活中的每个人都应当学会幽默。

人人都喜欢与机智风趣、谈吐幽默的人交往，而不愿同动辄与人争吵，或者郁郁寡欢、言语乏味的人来往。幽默，可以说是一块磁铁，以此吸引着大家；也可以说是一种润滑剂，使烦恼变为欢畅，使痛苦变成愉快，将尴尬转为融洽。

其实，在社会中我们不难发现：受欢迎的人一般都能够将幽默和欢乐带给身边的每一个人，所以培养自己的幽默感也是交际中很值得下功夫的地方。

现实生活中有不少人善于运用幽默的语言行为来处理各种关系，

化解矛盾，消除敌对情绪。他们把幽默作为一种无形的保护阀，使自己在面对尴尬的场面时，能免受紧张、不安、恐惧、烦恼的侵害。幽默的语言可以解除困窘，营造出融洽的气氛。

幽默是人际交往的润滑剂，善于理解幽默的人，容易喜欢别人；善于表达幽默的人，容易被他人喜欢。幽默的人易与人保持和睦的关系。

长今的养父姜德久诙谐幽默，是《大长今》中最搞笑的角色，插科打诨妙趣横生。

尚膳大人向德久调查元子中毒事件并将德久关在大牢里，长今和韩尚宫来看他。

长今："大叔这是怎么回事？"

德久："这是阴谋。除了我还有很多熟手，他们嫉妒皇上太宠爱我，所以一定是他们在我做的饮食里面加了不该加的东西。"

长今："当时也有其他熟手在场？"

德久嘿嘿一笑："没有。"

韩尚宫："都什么时候了，你还开玩笑？"

德久："娘娘，一定是我吓坏了才会说出这样的话。当时娘娘您也尝过小的熬炖过的全鸭汤，没有任何的问题，按照拔记煮的，所用的食材只有鸭子和冬虫夏草而已。元子大人用过之后怎么会昏倒呢？为什么呢？会不会是脚步没踩稳，一下跌倒了呢？"

幽默就是具有神奇的力量，能给你带来很多意想不到的好处。幽默不仅能使你成为一个受欢迎的人，使别人乐意与你接触，愿意与你共事，它还是你工作的润滑剂，促使你更好更快乐地完成工作。这往往是采用别的方法所不能达到的，也是成本最低的一种方法。

如果你能够恰如其分地把你的聪明机智运用到智慧的幽默中来，

使别人和自己都享受快乐，那么，你就会得到更多喜欢你、钦佩你的人，会获得更多支持和关心你的朋友。幽默要想能够打动人，那就要得体，下面就是给你的几条建议：

（1）轻松应对

你首先要做的是放松。如果你付诸了行动，没有人会对你表示不满，况且你要面对的也不是改变命运的考验，你要做的只是调动轻松的气氛，只不过是想给自己的生活和言谈增姿添彩，使自己显得更为随和。因此不要给自己太大压力。

（2）不要较真

在生活中要学会自己给压力做减法，要习惯于对事情持保留态度。遇事情尽量去看其中幽默的一面。

你会发现，在大多数情况下，即使是接到200元的违停或超速行驶的罚单，或是踩在香蕉皮上滑了一跤，这些不顺心其实都可以为你带来幽默的谈资——秘诀是你能发现这些事情中夹杂的幽默，并敢于自我解嘲。

（3）知晓流行文化

如果你没有一些参考资料或素材，那你就比较容易缺乏幽默感。你的知识面越宽，你说的话就越风趣。

例如，如果你对《阿森家族》（美国著名的动画片）一无所知，那么你就不可能有一番"霍默"风格的品头论足。因此你了解的电影、电视、音乐和各种流行文化越多，你的幽默能力就可能越强。扩展自己的视野并关注时事热点，你会惊奇地发现有那么多幽默素材会不期而至。

（4）独树一帜

不要模仿电影演员或喜剧演员的一个原因，是那些人的风格不一定适合你。如果你不擅冷嘲热讽或愤世嫉俗，那你很难模仿像《老友记》中的大卫·莱特曼或赛德勒这样的人物。如果你比较文静温柔，那你几乎学不来罗宾·威廉斯或者金·凯瑞的幽默。

从他人的幽默中你能收获不小，但你必须将自己的幽默特点与自身的风格和个性相协调——这对你反而更容易，而且听起来较为真实，因为你不必费尽心机去"演戏"。

（5）掌握好幽默的时机

幽默不仅仅是开玩笑，它取决于你谈话的习惯，看待事物的态度，如何表现自己以及说话时的腔调和姿态。言谈要生动活泼，这样你就能使所有的故事变得趣味盎然。

与他人进行目光交流，自信地发表意见，这样每个人都想倾听你的故事。另一方面，如果你的幽默较为隐晦，具有讽刺性，那就扮演一下那一角色，并用一种平淡的语调来说话。你的表达技巧需与你的幽默保持一致，然而不管你的幽默风格是怎样的，你选用哪种方式来表达幽默，一定要在抖包袱前先了解一下气氛，如果时机不当，那么你会弄砸了整个玩笑。

（6）要有创意

具有幽默感不能是翻来覆去地炒"旧饭"。如果你将一些流传多年的笑话改头换面，旧调重弹，人们会觉得你是傻子，而不是一个富于幽默感的人。幽默最好是在谈话或讨论时融入一些独到和发自内心的见解。

（7）不惧失败

你的目标并不是要哄堂大笑，而且任何一个优秀的喜剧演员偶尔也会砸场。因此不要担心没有人喜欢你的幽默——要么视而不见，要么一笑置之，并且不论你做什么，不要扎进"玩笑堆"里，费尽心机去逗乐每一个人——你不必如此。

　　做一个懂得幽默、有情调的人。幽默不仅仅在社交场合，在日常生活中一样可以提高你的人气。

05 真诚会让你更加美丽

真诚和朴实，具有可以打动人心的力量。每个女人都有从年轻靓丽到丰韵楚楚，再到红颜暗淡、憔悴无华的过程，生命就是这样一个过程，没有人可以逆转。这期间有对精力消逝的困惑，也有竭力想挽留青春匆匆脚步的焦虑；有对皱纹白发挥之不去的尴尬烦恼，也有对镜自视时的逐渐增添的自卑失落；有对年轻身体的羡慕，还有对曾经美好的回忆……随着年龄的增加，有人会选择更经常地使用护肤品、化妆品，有人会选择努力调整到更健康的生活状态，有人会选择更积极地健身锻炼。以上种种或许兼而有之，这是人们对应衰老所带来的失落感时，比较常用的方式。

每个人都要面对生活中的起起落落，面对各种各样的失意、退场与落幕，这个世界所沿革的从来就是"但见新人笑，哪闻旧人哭"。生活中永远有太多的退场，退场的人们，心中是否会有不甘，会有失落，会有无奈，会伤感世态炎凉，会感慨人世沧桑……还会有什么呢？我们听不到他们的心声，只看到他们的背影，只能出于善意地为他们祝福，为他们叹息。想想自己，也不过都是平凡入世，向死而生，最终也都要怀着各自的心思空然徒手，瞑目尘寰。

出于太多的道理和顾虑，人们更倾向于将鲜花和笑容摆在明面，这确是正念和善意。

还有一些人。是那些真正能亮出自己曾经的甘苦，曾经的伤痛，甚至隐秘的嫉妒和青睐恋慕的人，他们所展现出的真诚，也如生命的交响曲，具有穿透人心的力量。经历了坎坷颠沛和沧桑淋漓的人，要重新开辟自己的人生，不仅需要勇气与无奈，还需要有坚强的毅力。而有些事情，也只有在能说出来时，才能在心里真正放下。这放下的过程，在其内心也一定发生了我们所看不到的一些甚或更多惊人的变化。

还有一些虚荣的人啊，则时时刻刻炫耀着繁华。不管在人前的容姿多美，笑容多灿烂，多会说话，多会讨人欢心，多完美无缺，恐怕你也会反感、会厌恶，因为这所有的一切都掺杂着虚伪。只有真诚的态度才是美，才美得实在、美得清纯、美得质朴。

如果能够真实地表达自己的感受，能够真实地面对自己的内心，这会是一件十分畅快的事情。这种真诚也会让整个人的外在与内心呈现一种统一和谐的状态，这样才会拥有充实明快、晶莹纯洁的美！

06 有涵养的人，
   一定有魅力

做人一定要有涵养，涵养与胸怀相辅相成。虽常强调男人要有宽广的胸怀，其实女人也是一样的。很明显，如果步入职场，每个人都需要够用的涵养来处理人际关系，这件事并不因你是女人而变得要求更低。

有涵养的人由内而外都散发着一种高贵、优雅的气质，不论在什么场合都不会由着自己的性子来，好的涵养可以让人克制自己的不满，冷静下来理智地解决问题，而不是摔门而去，冲动之下，失去本该拥有的机会。涵养是美丽的底色，调和着风韵和气质，不管在什么场合，所有人都需要它。

通常喜欢读书的人会比较有涵养。

小雅是公司的财务总监，聪明漂亮，老公自己经营着一家公司，两人是大学同学，十分恩爱，绝对的事业、爱情双丰收。

一次，她和同事逛商场时，发现自己的老公搂着一个和自己女儿差不多的小女孩儿谈笑风生,小雅当时很没面子,真想冲上去直接跟他们撕破脸。

老公看到她也愣住了,一时间谁也没有说话。然而小雅维持了自己的风度,她平静了一下,走到老公面前,说:"嗨,逛街呢,继续!"说完优雅地走了过去。事后才知道原来那是老公同学的女儿,同学出国不在家托他照顾。小雅庆幸自己当时没有冲动,老公也开玩笑地说:"小样儿,看不出来挺镇静呀,不过谢谢你!没有让人家见识到你这位'醋劲儿十足'的阿姨的厉害!"

人生在世,指望自己的每次付出都能够得到回报是不切实际的。生活中充满着诸多的无奈,有些目标并非努力了就能达到。偶尔给自己找个借口,给自己一点宽容,学会用理智控制情绪。理智的情绪可以给智慧充电,而智慧让你可以把握住自己。如果能够拥有深厚的涵养、非凡的气度,不要着急,今后的生活中定会得到更大的回报。

什么是涵养?涵养就是控制情绪的能力,这是一种很强大的能力。区别于无条件屈服的软弱,涵养是指有原则的谦让,指身心方面的修养功夫。相信很多女人会经常陪着自己的意中人参加会议、聚会,在社交场合如果你能给他争来面子,继而就期待他会更加在乎你、更加欣赏你、更加敬重你。

在参与社交活动时,必须注意仪表的端庄整洁,适当的修饰与打扮是应该的。但要时刻记得外表固然很重要,但真正的魅力,是靠内涵透出的一种让人信服的内在气质来体现的,这种气质表现在女人身上,就是人们通常说的"成熟女性的魅力"。"成熟女性的魅力"包含着赞赏与倾慕,是有智慧、有阅历的女人的专属的风韵——一个人长得不漂亮并没有什么可指摘的,但如果没有内涵就要在自己身上找问题了。

如何让自己在任何场合都保持着一种吸引人的，优雅的涵养呢？

（1）多读书

一本好书使你的生活充满光彩，使你摆脱浑浑噩噩，找准正确的价值；一本好书，能驱散生活的失意，净化人的灵魂。通过多读书修炼得来的内涵充盈着你的身体，那种充盈可持续一生。

（2）练就大的肚量

就算生气了也尽量试着去扬扬嘴角，太过斤斤计较的人不仅显得不优雅，也有损于自己辛苦修炼来的涵养。

"我是女人我有特权"和"我是男人我有特权"一样惹人反感。不要用强调性别去达成目的，是现代人相处的基本礼仪，否则就会让你失去别人的尊敬。随时保持应有的涵养，才能让你周围的一切尽在掌握中。

（3）适宜的穿着

在选择服装时，应该精心地挑选，慎重地对待，要根据自己的年龄、身材、职业特征去合理地搭配，这样才会给人以舒服的感觉。有品位的服装也会时刻提醒你注意自己的身份和仪表，一旦遇到什么突发状况，会有助于你保持冷静。

07 脱俗而立，
　　独具魅力

女性中美丽者实在很多，但真正能够脱俗的美女却不多见。黛安娜的美丽，令全世界男人向往；郝思嘉的美丽，因其独特的魅力而受到人们的称赞。美丽高贵的女人几乎没有人能抵挡得住她的力量，那是因为她们身上具有脱俗的魅力。

脱俗的女人对于男人来说，具有神秘的吸引力，男人们总想靠近她们了解更多。当今世界不断上演着爱情的悲喜剧，而且将永远继续下去，这其中主要吸引男人的原动力就是女性的魅力。女性的魅力由很多因素组成，从外表的姿容到内在的性格、知识、修养等。自古以来，就有这样一种女人，她们好像生来就超凡脱俗，有一种娴雅和诱人的魅力，使得她们在男人的心里永存。

有一位诗人在给他的情人的诗中写道："多少人爱慕你的年轻，多少人爱慕你的美丽，多少人爱慕你的温馨，可有一个人，他爱慕你的圣洁灵魂，爱慕你衰老的面孔，爱慕你痛苦的皱纹。"

女性的美丽，更重要的是灵魂和气质。女性之美犹如温醉的空气，如听箫声，如嗅玫瑰，如躺在天鹅绒的毛毯上，如水似蜜，如烟似雾，美丽的女人一举步、一伸腰、一掠鬓、一转眼，都如蜜在流，水在荡，里面流溢着诗与画无声的语言。真是："盈盈一水间，脉脉不得语。"

有首诗这样写道："我只是看见她走过我的身边，但是我爱她直到我死的那一天。"许多历史上令人难忘的女人们所具有的，不只是性感，更重要的是她们还有着迷人的妩媚和内涵。令人难忘的女人是美丽、善良、温柔、热情、有内涵、坚忍的，她们能体谅别人的苦衷，做任何事情都全神贯注，从不在乎别人说什么，她们并不多说话，也不过多装扮自己，但当别人和她们在一起时就会感觉到快乐、轻松、悠然。她们是男人心日中期盼的魅力女神。

脱俗的女人，我们都会在心中用天使去做比喻，她们好比天使般纯洁高贵。男人希望自己的女人都是天使，女人也希望自己在意中人的心中是个天使。那么，聪明的你，要尽可能提高自己的修养，能够让自己的表现脱俗，能够真实而自然的，因为拥有了有趣的灵魂而美得醒目。

08 美女一直在修炼

我们无法定义美，但是我们都能认出它。走在大街上，有的人你一眼看得出她爱美，你知道她为了美做了很多很多的事情，化妆、染发、买漂亮衣服、减肥、丰胸、隆高鼻子等；而有的人你却看不出她爱美，任由肤色暗淡、唇体干裂、头发杂乱干燥、形体松懈，服饰不讲究，更谈不上优雅。

不是说"爱美之心，人皆有之"吗？这些看不出美的人为什么不努力美化自己呢？这主要是观念的问题。除去身体与生活中遇到的极端情况不说，究其原因大概分为两类：一种是并不认同，或者还有没真正认识到美和魅力对于一个人幸福的重要性；另一种是认为自己不够漂亮或不再年轻靓丽，会对美和魅力失去兴趣，在她们潜意识中会认为自己已经远离了那种诱人和光芒四射的状态，于是不自觉地逐渐抛弃了对美的追求。尽管有时也会去做一做头发，购置几件新衣服，但是激情已经不在了，努力也没有什么动力。

那么，所谓的"魅力"是一种什么东西呢？魅力就是一种能量，是一种由内而外散发出来的吸引别人的气质。如果说容貌、服饰、身体是魅力之形，那么学识、阅历、修养则是魅力之本。执著、专注、自信、创意、才气、多情、善良、有情趣、有教养、懂得情绪管理，这些内在素养的成长，让魅力的灵魂不断丰满。

一颗热爱生命的心灵，对美与魅力的追求应当成为其生命中的一部分，到任何时候也不应该是漠视和冷淡的态度。在电影《泰坦尼克号》中，有一句很经典的台词："享受生活每一天。"那么怎样的生活才算是享受每一天，甚至是每一分、每一秒呢？"享受生活每一天"，就意味着挑战昨天的自我，完善今天的自我，创造明天崭新的自我；"享受生活每一天"，同时也代表着对美与魅力有着一生的渴望与追求。

"魅力"二字足够我们研究一辈子，学习一辈子，折腾一辈子的，如果你真对魅力产生了兴趣，那么你将会成为一个摆脱平庸的人。

对照着哲人的名言："命运掌握在自己的手中"，那么，魅力的钥匙也一定是掌握在你自己的手里的。

"你想拥有魅力吗？"如果问这个问题，回答应该是肯定和明确的。事实上，"想"字并不像回答那样简单和轻松，"想"的后面就紧跟着一项艰苦的工程，需要用一生的时光来完成的工程。在回答这个问题时，潜意识中多会认为魅力是天生的，比如：美丽的眼睛、迷人的形体、柔滑的肌肤……很多人潜意识中总认为自己没有美的部位，或青春已逝，当人觉得自己不再拥有年轻和美貌时，有一些人就会缺少甚至丧失追求美的动力和激情。中国女人是持有这种错误观念的"重灾区"。美丽可以构成魅力的一个部分，但美丽不等于魅力！魅力是需要后天努力挖掘才能展现出来的一种更高级的吸引力。

第一章
所谓伊人

渴望着成功的人们,大多懂得为学历、知识、技能等等付出足量的努力,同样,如果你期望与魅力结缘,你的一生就得绷着一股劲儿,这也如同你热爱上了文学、摄影或者绘画什么的,你不绷着一股劲儿哪会出什么好作品?

人的现状很多源自幼年以来生活习惯的积淀,就魅力而言,更是如此。渴望拥有魅力的愿望很简单,但真正获得魅力、提升魅力,就需要具备修炼魅力的意识和习惯。形象地说,就是你想让自己成为一个富有魅力的人,你就得把修炼视魅力是为一项艰巨的人生工程,天天在路上,苦练不止。

法国女人们的优雅举世瞩目,她们世世代代具有修炼魅力的意识。法国的母亲们非常注重膝下女儿的体态、发肤、神情、态度,热衷于让女儿参加舞蹈、音乐、表演等艺术方面的学习和训练课程,她们会为孩子们这方面出色的表现感到欣慰和自豪。

一位法国美容专家这样说过:"不要小看一个能够长久保持优美身材的女人,这通常是一个顽强和很有自制力的女人。"这就是说,美丽的身影背后不仅仅是形体的问题,提升魅力也不仅仅是漂亮的问题,其中还折射出内涵与素养。

09 自信，
   拥有独立的资本

　　做一个不依靠、不攀附、独立自主的人。和平盛世不需要你去领导千军万马，但是在内心深处你必须有一个信念，一定要做自己命运的主人。

　　心态至关重要，尤其是你对自己本人的态度，这不仅决定着每一件具体的事情的结果，更决定你将面临一个什么样的命运。这就是自信的重要意义。

　　在气质的诸多组成因素中，"自信"应该排第一位。

　　那些被自信充盈着的人，往往可以较为游刃有余地掌控自己的命运，相反，缺乏自信的人却总是被命运捉弄。

　　在这个处处充满竞争的社会，那种自怨自艾、柔弱无助的性格已日渐失去市场。没有人可以主宰另外一个人，谁也不应该是谁的附庸。诸如"男人追求的极致是成功，女人追求的极致是幸福"这类说辞也终于被历史的车轮碾碎了。学会自我拯救和自我完善，对任何一个人来说都是必备的品质。渴盼别人赐予的幸福，既被动也不安全、既幼稚也无尊严。

有一个成功的记者，以前她是一个极其普通的农家女，高考落榜后，她不甘消沉、勤奋苦学，来到一家大报社毛遂自荐要当一名记者，为了抓住来之不易的机会，一开始她不要一分钱工资，完全靠自己写稿维持生计。几年下来，她已跻身于知名记者之列。

这种自信自强的精神让人赞叹。每个人只有在推动社会的进步中，才能实现个性的丰富和完善。而且，成熟和独立，才是爱情最好看的样子。深层次的了解自我、独立的人格、有效的沟通、管理自我的情绪才能从根本层面滋养爱情。

在亲密的关系中，只有成熟的心智和不断的自我成长才能给你真正的安全感，至于依赖、控制欲、自我隔离、自我放弃，不仅会毁了你的安全感，也一定会毁了你的亲密关系。

阻碍你成为强者的第一重障碍，就是心理上的障碍，这障碍往往就是由不自信铸成的。

自信源自于肯定。很遗憾，人是不完美的，我们只是在不断追求完美。所以，不要再为腰围、青春痘或是眼睛小而伤脑筋了，整体形象比任何局部都重要。经过这么多年的探索，应该相信自己已拥有协调的整体形象，我们要做的只是锦上添花。

自信是一种精神状态，它使人的内心饱满丰盈，外表光彩逼人。正所谓水因怀珠而媚，山因蕴玉而辉，人因自信而美。自信的人从容大度，舒卷自如，双目中投射出安详坚定的光芒。对于那些事业有成且身为女人的科学家、企业家、作家……以及在舞台银幕上耀眼的明星们来说，自信使她们更美丽、更健康，也更加出色。而街市上那些青春勃发、魅力四射的少女们，则用她们骄人的自信为城市增添了一道道亮丽的风景。

发现自己的闪光点。每个人都有过人之处，在仪表上千万别"以己之短度人之长"，只要扬长避短就能塑造美好形象。闪光点可以是优雅的气质、"来电"的目光，可以是高挑的个头、匀称的身材，可以是健康的皮肤、深邃的眼睛、性感的嘴唇、有型的鼻子……如果你认为自己从上到下一无是处，有问题的一定不是创造你的上帝而是你自己。

相信自己，坦然面对注视。如果出门前已照过镜子没有问题，那么路人对你的注视是因被你的外表吸引，而并非是你的身上有哪里不妥。得到的注视越多，越是证明你很有吸引力。坦然面对注视非常重要，这是自信的表现。

有一位老者告诉一位女孩，该如何在生活的困境中突破重围："你闭上眼睛，想象自己可以飞翔，并且看到自己降落在自己的梦想之地。"女孩果然乖巧地闭上眼睛，并飞翔起来，找到自己的影子。这是一部影片，却让人反省再三。岁月使人成长，却让人不敢梦想，生理的新陈代谢缓慢，让想象力也迟钝了。一个人的眼界，会影响一个人的梦想。打开你的视野，好高骛远有时并没有那么不好，只要你脑袋里有着白日梦，手里也在殷勤务实地做，美梦也可以成真。

第二章
受欢迎的性格，受欢迎的人

一个人的性格，决定了生活的质量。没有良好的性格，在生活中难免会感觉事事不顺。性格是人生中的一柄双刃剑，用得好，它会帮助我们轻松地获得人生快乐与成功；用得不好，它会让我们的努力失去意义，甚至能毁掉我们的努力。所以，能否拥有好性格，是能否过上顺心生活的关键。

01 做真实的自己，
不要迷失方向

在第一章已经说过，漂亮与否，不仅仅表现在外在的美，更重要的是源自内在的气质、修养，这些才是美丽、优雅的本质。接下来将要做更深层次的美化，你一定要记得：无论在任何时候，都要做真实的自己。

但是很多人都不自信，他们渴望成为其他人，成为自己所仰慕的人，这种念头长久地困扰着他们，让他们痛苦不堪。而实际上，我们每个人的个性、形象和人格都有其相应的潜在创造性，我们完全没有必要去仰慕和忌妒别人，因为在你仰慕或忌妒其他人的同时，也有很多人正在仰慕或忌妒你。

茜斯刚刚进入美国影视界的时候，想做一个像卓别林那样的喜剧演员。为此，她经常看卓别林的喜剧，并不时地模仿卓别林。但是也许是天生就不适合，她失败了，后来她摒弃了一切模仿与做作，专心做自

第二章
受欢迎的性格，受欢迎的人

己，她表现了一个从密苏里州来的很平凡的乡下女孩子纯真、朴实的一面，结果成为纽约最受欢迎的影视明星。

很多时候你会发现，羡慕是无知的，而模仿更是抹杀自我，抛弃了自己独有的特质偏要去做另一种人，反而会画虎不成反类犬。

平时做事情也是如此，同样要保持真我本色。一些人为了取得成功，而不惜夸大自己的能力，取悦领导。可是他们的所作所为恰恰与做出的承诺相差甚远，没有人喜欢这种浮夸的人。遇到问题时保持坦诚，实事求是，不仅不会有损自己的形象，反而会让别人觉得你更加真诚，更容易得到别人的肯定与支持。

无论做什么事情，都要保持自我本色，把自己最真实的一面展现给别人，不自欺也不欺人，对得起别人的信任。只有这样，才能取得成功。

在这个世界上，每个人都是独一无二的。因此，你有理由保持自己的本色。我们不该再浪费任何一秒钟，去忧虑我们与其他人的不同，应该尽量利用自己的一切天赋。

02 温柔的性格，极具吸引力

现代女性，才情并茂，内外兼修。但温柔不是女性必须具备的性格，而是你自己本身拥有或者想要拥有的性格。其实温柔不只是一种为人处世的态度，也是一种品德修养，温柔的光芒如此炫目，以至于可以"一柔遮百丑"。做一个温柔的女人，可不是换一套衣裙、举一杯红酒就能成就的。女人的魅力，来自于性格、能力和修养。女人的恬静、内敛、淡然都来源于对自己表情的修枝剪叶，让美丽由内而外熏染而出。

要想在日常生活中培养温柔的性格，对态度和情绪控制的要求会更为严格。为此，虽然生活中常有试探，但是轻狂、愤怒、焦躁、有时甚至是对等的反击，都不可避免地会削弱我们持有的温柔——毕竟要获得就要有付出。当我们感知到"态度温柔"并认为很美，那么"情绪克制"就是它所值的价。如果你喜欢，请把那些影响温柔发挥的不良性情彻底克服掉，用温柔优雅谱写自己的乐章。但是千万不要误会了，你的

第二章
受欢迎的性格，受欢迎的人

温柔可不是柔弱、逆来顺受、委曲求全，丧失了自己独立的人格和独立的个性，绝非女性之美德，而是一种耻辱。柔中有刚、柔韧有度，才是温柔的核心。

对女性的温柔还有一种较为广泛的误解，认为娇滴滴、嗲声嗲气的故作姿态也可以称作温柔，其实更准确的说，那是迎合低龄化审美以及对女性的物化蔑视。温柔是骨子里散发出来的东西，说上几句话，有时甚至不用说话，就能感觉得到。温柔的人能给他人带来如沐春风般舒适自然的感觉，同时也让自己悠然自洽，内心因温柔而强大。

温柔是一种抽象的感觉，具体体现在以下几个方面：

（1）善解人意

生活中面对种种或有心或无意的伤害，夹杂着误会和本来就不怎么美丽的心情，任何人都有理由去选择不理解、不体谅，有时再多的解释也难以把较真的人从牛角尖里劝出来，这种无奈的感觉相信每个人都或多或少经历过。而当我们做错事、感到尴尬又焦急的时候，一个温暖的微笑，一句劝慰的话，一个表示理解的动作，甚至一个了然的眼神所散发出来的温柔，堪称炫目。

（2）富有同理心

同理心是指站在对方立场设身处地思考的一种方式，即与人交往过程中，能够体会他人的情绪和想法、理解他人的立场和感受，并站在他人的角度思考和处理问题。有同理心的人，能够转换思维理解对方的行为动机，无疑会是一个温柔的人。可以想见，几乎每个人都愿意同这样的人交谈，而有这种能力的人有四种特性：接受观点、不加评论、看出他人的情绪、尝试与之交流。

（3）洞悉和包容

我们常说"看破不说破"，有些悲伤和无奈，是没有那么方便可以说出来的。一个洞悉了缘由却沉默包容的人是心存悲悯的，用温柔的态度顾及着他人的感受，这样的人也值得被温柔回报。

（4）善良

善良是温暖的力量，对这个世界的善意本身就可以被定义为温柔，我们对善良的取舍就构成了这个世界的样子。善良的人未见得必须温柔，但是真正温柔的人则一定是善良的。即使想粗略的谈及善良到底有多重要，也是要另外成卷的，在此仅强调温柔与善良的关系：失了善良的温柔没有存在的意义。

（5）细腻

细腻经常和温柔连用，二者之间有较明显的关联。细腻的人大多是敏感的，可以注意到更多容易被忽视的小事，或者察觉到他人较为隐秘的情绪。细腻是可贵的品质，对那些习惯了粗枝大叶的人来说，学着细腻绝对是件苦差事。个性细腻的人在仔细观察这个世界的同时，修炼温柔也会变得相对容易。时常，一个细致体贴的小动作就可以透露出入骨的温柔。

（6）善于管理脾气

好脾气是与人为善的表现，善于管理、调用脾气的人情商普遍较高。脾气温和的人在生活中比较容易获得幸福感，人一旦感受到自身幸福，所散发出来的气场就会更加温柔和善。需要注意的是，好脾气是主动的宽容，而非被动的忍耐，好脾气绝对不能等同于软弱。

（7）坚韧从容

坚韧从容是一个较难达到的境界，这样的人身上所散发出来的温柔气质与若隐若现、需要激发的温柔闪现不同，坚韧从容适用冰山原理，露出水面的是1/8,而有7/8是在水面之下。要经历多少的磨难与沉淀才能练就这样的温柔，散发着持久强大的能量，让人受其吸引，不忍离去。

总之，温柔可以让人在亲密关系中拥有更多的优势，也是于职场中求生存的"有力武器"。温柔是相对的，既有其不可逾越的底线，也有投桃报李被温柔回应的盼望，如果可以，请尽量做个温柔的人。

03 示弱，
女人温柔的核武器

在日常生活中，我们常用"毫不示弱"来形容一个勇敢的人，虽然时时处处不示弱的人能得一时之利，往往却难成为最终的成功者。倒是有些人，凡事忍让，不逞能，不占先，心境平和宽容，能抛除私心杂念，不受外人干扰，做事持之以恒。他们即使遇到打击，也不会万念俱灰，因为心境平和，所以能处之泰然。这种人跑得不快，但能坚持到终点。

向人示威，人人都会，向人示弱却只有少数人才做得到，因为示弱更需要智慧和勇气。

在两性相处的过程中，对立总之是难以完全剔除干净，届时，有什么不伤和气又行之有效的"技巧"呢？

聪明的女人，把示弱当成一种允许的价值取向和人生态度，"人畜无害"的柔弱气质，能够帮助她在生活中转闪腾挪，取得成功。

第二章
受欢迎的性格，受欢迎的人

在平权思想的影响之下，越来越多的女性开始变得像男性一样独立强硬，这当然是社会的进步。在生活中，聪明的女人即便并不柔弱，也会懂得"示弱"，这是一种生活的艺术，是人生的大智慧。

在相对较弱的人面前，成功者往往不会一味夸耀自己的成就，攻击性会减弱，开始谈及自己曾经失败的经历、现实的烦恼，刻意淡化自己的光芒，显得自己的生活态度自信又从容。

张爱玲曾经说过，善于低头的女人是厉害的女人。越是强悍的女人，示弱的威力越大——男人很愿意相信，这个女人只向自己低头。

千万不要以为示弱就是没有本事，虽然是低头，但不是一味低头，示弱的值得揣摩之处，关键在一个"示"上。

示弱不是处处迁就，而是给他机会让他逞强，而这个机会，就把握在女人的手上。就在他逞强的时候，你想要的也就握在自己手上了。

首先，真诚的赞美很重要。赞美是最常用手段，利用一切可能的机会赞美他鼓励他，让他觉得自己的所作所为非常有价值。即使明明就是一件很好搞定的事情，也不要因为太容易就做到了而忽视他的劳动和付出。得到肯定，才会有源源不断的动力。

其次，抓住他对自己得意的地方示弱。虚荣心强的人在完成自己不擅长的事情时，即使做得勉勉强强，也不愿意承认自己能力不够，有些人反而会在心里归咎于你，比如"就你事多"。毕竟，示弱是给他机会表现，而不是真的把他当超人来解决所有麻烦，专业的问题就应该交给专业人士去处理。去请教他得心应手的问题让他总能很好地完成你的要求，他会乐于帮助，而不会认为你在故意给他难堪。

最后，用温柔的态度来做强硬的事。即使你想要坚决贯彻自己的主张，如果能保持温柔的态度，那也是一种有效示弱。在温柔面前，他们只有缴械投降的份儿，有时甚至连内容都没弄清楚就一口应承下来了。温柔地使唤，他甘之如饴还不自知被你调遣。

如果你决定要运用示弱这一"核武器"，示弱的时机也要掌握得恰到好处。自己得意之时，如提升、受奖、获利、扬名、各种人生幸事降临，此时也可以适当示弱，用细腻之心去包裹那脆弱自尊心；别人失意时，如竞争失败、名利受损、生活中遭到不幸，此时也可以示弱，显得"彼此彼此"，让人感到"人皆如此，我又何恨"，用同理心去安慰那受伤自尊心；别人赢得成功、荣誉，得到物质利益，在表示祝贺的同时，勇于承认这方面实在"自愧不如"，用最大的善意去保护那好胜的自尊心。

示弱可以削弱人们的隐而不现的嫉妒心，从而增加被人喜欢的可能性。对于"白璧无瑕"的人，人们更多的是仰视，对于所仰视的人，更多的时候不是喜欢，而是敬畏和避而远之，甚至是为了避免失落感而在无意识下产生的对抗情绪。适度暴露一些自己的弱点，有利于拉近与他人的心理距离，增加接纳性。心理学研究表明，在一定范围内，人们之间的相互信任、相互接纳程度是和彼此之间的相互暴露程度是呈正比的。

示弱也有益于我们的事业。"一个篱笆三个桩，一个好汉三个帮"，想要成就一番事业，一要靠自己，二要靠关系。所谓靠自己，首先是要拥有成就事业的才华、学识、气魄、毅力，其次是要靠关系，要具备良好的人际关系，尽可能减少行进过程中的"摩擦系数"。拳击运动中，选手们在拳击时，总是先把拳头缩回来再伸出去，拳头才有力度，缩的幅度越大，出击的力量也越强。一个人的示弱，其实就是缩回拳头的过程，它的目的是为了在关键时刻把那只拳头伸得虎虎生威。

生活当中，适当地示弱不但是一种生存的技巧，也是一种谦逊的生活态度，可以帮助我们赢得他人的信任与好感，使自己的发展之路更平坦。

04 别欺负自己

凡事都要有自己的思想和主见，这一点职场中人一定深有体会。但是因为工作的关系，我们也难免会碰到一些虽不情愿却又不得不去做的事情，譬如：陪客户应酬，替人"顶锅"，忍耐无道理的指责，甚至是面对歧视也被要求"合理应对"。迫于复杂的人际关系，很多人选择了忍耐，然而仔细斟酌得失利弊，其实也完全可以选择拒绝无理要求、维护尊严。要知道，和正派的客户谈生意是不需要试探你的底线的，你出卖的是能力而不是做人的尊严，你失去的只是一份收入而不是谋生的手段。

越过底线的事情就不要去做，有些时候委曲求全就等于助纣为虐。

在平常生活中也是一样，同事约你逛街、吃饭，如果你很累不想去，最好的做法就是以实相告，不要怕被人不理解或者误会。要知道，越是真正的朋友越应该关心你、体谅你。当然，诚恳的话语和态度是很

第二章
受欢迎的性格，受欢迎的人

好的润滑剂，在拒绝别人的时候，语音比文字的效果更好。清楚明白地说"不"，在你不愿意的时候，千万不要含糊不清。

当然，这种态度不仅限于工作中，在恋爱关系更有其重要意义：千万不要为了满足对方的要求而强迫自己做自己不喜欢的事。要知道，真正爱你的人是不会勉强你的，更不会用你付出多大牺牲去衡量你对他感情的深浅，保持自己的尊严，保护对方的尊严，彼此尊重才是爱之基石。爱情产生的时候，性、语言和思想都能表达你们的感情，而在尊重的前提之下的表达才会让感情更深。聪明人懂得如何拒绝用"爱情"做伪装的陷阱，包括拒绝各种各样的诱惑。不懂得拒绝的人做事时少有自己的底线和要求，当你的默认成为一种习惯，就很难再在一段关系中摆正自己的位置。人必须先对自己负责，才能谈对工作和感情负责。如果你不愿意，没有人可以强迫你。清楚说"不"，为了自己。

在生活中，同学、同事或者朋友，都会有相互求对方办点什么事的时候。凡是自己能办到的，应尽最大的努力提供帮助，但面对有些过分的要求，不是自己个人力所能及的，这就要讲究拒绝的方法了。很多人在处理这类问题时感到很棘手，因此不知道该如何开口拒绝，知道一些事情办不成，可又害怕伤了朋友之间的友谊，怎样开口拒绝才不会伤害对方呢？应该从以下几个方面进行考虑：

一是在说"不"前，务必让对方了解自己拒绝的苦衷和歉意，态度要诚恳，语言要温和。

二是避免模棱两可的回答。如：我再考虑考虑等，说着这样的话的人或许认为这是在表示拒绝，可是有所求的一方却可能认为你还真的是在替他在想办法，这样一来，反而耽误了他去找别的方法解决问题，所以，除非你确实是真的需要时间做考虑而不是在心里已经拒绝，否则切莫使用语义含糊的字眼。

三是提供间接帮助,比如可以帮忙完成整件事情中一个力所能及的环节,或者介绍相关领域的专业人士。

05 管住嘴巴，
　　防止祸从口出

有些人就是喜欢闲聊八卦，谁谈恋爱了，谁又单身了，谁是老板的亲戚了，谁考试没过了，谁给上司送礼了……不要以为你说了不会有人知道，不要以为身边的人都是朋友，可能你上午说完，下午别人就知道了，而你就在八卦的快感中把人得罪了。

《圣经》里说：多言多语难免有过。禁止嘴唇是有智慧。

曾经有位哲人说过这样一句话："坏人不讲义，蛮人不讲理，小人什么都不讲，只讲闲话。"闲话也有很多种，一种是依事据理、与人为善的说法；一种是无中生有、搅乱是非的说法。

职场的人际关系复杂，为了保住自己的地位和名誉，不要参与闲聊八卦，因为你不知道自己哪句毫无恶意的话会被别人断章取义地到处传播出来，那时候百口莫辩都还算辩在明处，更多的时候你都根本就不知道话应该对谁说了——得罪了人，有可能从此受到排挤。试想一下，你身边的人天天给你找茬刁难，工作还怎么能顺利呢？

言多必失，古人的遗训是有道理的。尤其是喜欢在背后议论别人的，总有一天你说的话会传到被谈论者的耳朵里——如果你们是朋友，那你将承担失去这个朋友的风险；如果你们是同事，那你将多一个职场敌人。

在人背后议论和指桑骂槐，会在贬低对方的过程中破坏自己的形象，要知道"你们怎样论断人，也必怎样被论断"。

06 过度依赖，
幸福不再来

在我们年幼而没有能力应对外界挑战的时候，依赖他人的帮助是我们唯一的选择，所以我们身边的亲人有这样的责任，事事照顾。可是终有一天你长大了，你是一个完整的人，别人所具备的生存能力，你一应俱全，此时还能一味地依赖他人吗？

在生活中总能听到有人说：就像一个永远长不大的小孩儿，总让人操心！这就是过度依赖，这是一种心理上的缺陷。

小孩子们依赖心强，喜欢撒娇，当人成长后自然会纠正自己的行为。我们这里更多是探讨成年人的行为，自然这种撒娇就不像小孩子那样有直接的表现，而只是在潜意识里的一种撒娇冲动。

尤其需要注意的是，我们这里提到的撒娇者，他们不仅仅只是表现出一种依赖——他们一方面依赖着别人，一方面却在想着如何控制别人。所以这里所说的撒娇者，是所谓的"利用别人的善意行事"的人。

要了解这一点，看看幼儿的情形就知道了（当然这也是最典型的撒娇者）：幼儿在说话的时候，要是别人（比如父母）不注意听，或者父母更加关注别的孩子，他就会生气；如果别人不依照他的意思行动，他就会使性子、赌气、哭叫。

可悲的是，有的人长大之后仍然和幼时一样，别人不注意他时还会觉得不满。这种人在身体上虽然已经除去"尿布"，但是在精神上则尚未除去。

想象一下那些热恋中的撒娇者，时刻想让对方只注意自己，而跟其他的异性"绝缘"——一旦这种撒娇的心理得不到满足，就会使性子或者变得很乖僻。

总而言之，撒娇者事事都以自我为中心，总是希望受到别人的特别对待，或者受到别人的高度关注——这也许正是要在别人的心目中确认自己的重要性。

因此，撒娇者的喜悦可能归结为一件事情：别人把自己当作重要人物看待。

世上有执著沉溺于不愉快感觉的人，这种人绝不会采取行动去把自己引导至愉快的感觉。

我们知道，人的性格是由遗传的性情、后天的生活环境、经历的体验形成的，那么我们就有这样的信念：虽然我们不能完全改变自己的性格，因为遗传的那部分性情是难以改变的，但是我们也还是可以根据环境，改变自己性格的一部分。

该反省的第一件事情是：自己有没有被真正的爱过？没有充分被爱过的人容易依赖心强——也就是会有很强的控制欲，因为没有被真正爱过的人始终无法摆脱幼年期的愿望。这种人只是身体在成长、年龄在增长，可是在心理上幼年期的要求从来没有被满足。如果是这样，学习，看书，自学点心理学，可能的话参加一些好的心理学课程，都会有所帮助。

要实现真正的自我，寻找最稳固长久的幸福，从现在开始你就必须摒弃依赖心，培养并且增强自己的独立性。

07 留有余地

如果要求一个人做到最优秀，其标准大概就会是"做到极致"。而我们在此讨论的是什么样的性格比较受欢迎，什么样的人比较有人缘，那么说话做事则要切忌"做到极致"，当知留有余地才是常存之道。

观察周围人缘好的人，他们不见得就是一个集体中成绩最优秀的，但是大家就是喜欢聚在这样的人身边，与说话做事留有余地的人相处让人感到舒适、安全。这样的人，不管其态度是幽默的还是严谨的，都比较有亲和力；不论与他们相处的人友善与否，他们大多数时候都能用超高的情商做出恰到好处的反应。

留有余地既是给他人的体贴，也是给自己的方便。

在工作中留余地的好处是显而易见的，甚至是不可或缺的常识。当同事之间有误会解开时，应当多么感激当初没有把话说死；当同事的工作出现失误，日后的某一天，你也会感激自己当初没有把事情做绝。

在亲密关系中，也请务必记得留有余地是多么的重要！当你的爱

第二章
受欢迎的性格，受欢迎的人

情尽情尽性无一处留白，当你的情感强烈到窒息淹没了彼此，这样的感情固然轰轰烈烈，可是，没了回旋的余地也就没了抵抗冲级的韧性，如果追求的是长久的亲密，不要忘记细水长流，留有余地。

08 爱自己，才值得被爱

张小娴曾说："如果你真的没办法不去爱一个不爱你的人，那是因为你还不懂得爱自己。"

用这句话开头，就是让你知道，不仅要向别人献爱心，而且在爱别人之前要先学会爱自己，学会尊重自己，欣赏自己。

每个人来到世界上都承载着母亲的一番苦难，每个人生活在世界上都有其独特的意义。你理所当然应该爱自己，经营自己的美丽，关注自己的健康，呵护自己的心灵，使自己无论何时何地，遇到何种事物都能够淡然从容。

爱情美好，令人向往，但是爱情往往是一个人最脆弱的环节。当一段感情结束时，有的人甚至会一蹶不振，酿出一幕幕悲剧，在校的会影响功课，工作的会耽误前程，闲暇时或许会风花雪月，或许会花天酒地、夜夜笙歌。总之，谁都无法预测一段感情的消逝对不同的人会产生

第二章
受欢迎的性格，受欢迎的人

多么不同的影响。事实上在付出感情的同时，每个人都必然要承担经受痛苦的风险，这痛苦的程度与感情的深度大多数时候还是成正比的。在这其中有一个参数起着重要的作用，它就像一道保险，让人在拥抱爱情的同时不至于承受灭顶之灾——就是爱自己。

爱自己有太多的理由，也有太多的方式，只可惜很多人却没有意识到这一点。失恋的痛苦、生活的挫折和失败，早已让心灵痛到麻木，在狂风暴雨中忘记了船上还有个主锚。

因此，面对着所有已经过去的、正在发生的、将来可以预见的随感情附带而来的风险，第一不要因噎废食，第二不要一蹶不振。遭遇风浪时放下船上的主锚。爱别人之前，要先学会自己爱自己，要学会在恶劣的状况下保护自己，让自己的生命更加精彩，而不是成为他人的附属品。

学会爱自己，才不会虐待自己，才不会刻薄自己，才不会强求自己做那些勉为其难的事情，才会按照自己的方式生活，走自己应该走的道路。在爱情到来的时候不迷失自己，才能在爱情离去的时候把握自己。

从呱呱坠地之初，人就习惯了在外界的反馈中看清自己，借镜子来观察自身的容貌，借别人的肯定或赞赏来认识自己的才华，渐渐生出依赖，离开别人的评价便找不到自己的位置。其实并不是这样的，动物从不需要同类给予肯定就可以生存下去，人作为高等动物，具有思想、意识，为什么就不能自我肯定呢？为什么就一定要从别人的眼光里寻找自身的价值呢？但是学会爱自己可不是放纵自己，要想办法让自己变成自己喜欢的样子，千万不要变得自私自利，眼里没有别人，还自以为是有个性。

人的一生总有许多时候没有人督促我们、监督我们、叮咛我们、指导我们、告诫我们，即使是最深爱的父母和最真诚的朋友也不会永远伴随我们，我们拥有的关怀和爱抚随时都会有失去的可能。这时候，我们必须学会为自己生存，才不会沉沦为一株随风的草。

爱自己，就是懂得爱别人的道理。

当一个人不会爱自己的时候，他是不幸的。失去了爱的能力，常常会想尽一切方法来掩盖、来弥补，就像饥渴的沙漠需要水，他需要一切能证明自己存在的东西，需要别人的好言相向、需要金钱、需要房子、需要名声地位、需要表面的幸福。

但是不管怎样，世界从不会因为某个人的意愿而发生改变；不论在我们是幸福的时候，抑或不幸的时候都是一样充满着爱、空气、水、食物，这都是世界对我们的爱，万物的本质就是爱，一切的一切原来都是爱，也许你没有沉鱼落雁的美貌，也许你没有聪颖睿智的头脑，也许你没有魔鬼般的身姿……总之，你的身上可能没有任何值得炫耀的地方，但是，别忘了，你就是你，你是独一无二的，上天创造的独特存在。你的存在，就承载着造物之爱。

《世说新语》里有这样一则小故事，桓公少时与殷侯齐名，有一天，桓公问殷侯："你哪一点比得上我？"殷侯思考了一下，很委婉地回答道："我与我周旋久，宁作我。"

是的，何必羡慕别人？我有自己的性格与生活经历，不论机遇是好是坏，一切喜怒哀乐都是我在承受与体验。我的生命是专属的，怎么可以拿来与别人交换！

不要羡慕别人的美貌，不要希冀别人的头脑，不要模仿别人的身材，爱自己的出发点，就是勇敢地接纳并不完美的自己。眼睛小吗？没关系，眼小能聚光；身材矮吗？没关系，浓缩的都是精华……无论是哪里多一寸，或是少一寸，你都是上天的杰作，你没有理由轻视自己，你也是夜空中一颗耀眼的星星。

真正的生命强者是在与命运的激烈碰撞中，绽放出光芒并实现自我人生价值的人。在这多彩多姿的世界上，要好好地生活。活给自己看，也活给爱自己的人看，也是活给那些瞧不起自己的人看。尽管免不了会经历这样或那样的挫折，可那也是上苍给予你的礼物，让你在成长中学会坚强。

若总是想依附在别人身边，变成了菟丝花紧紧地依附在一棵树上，一旦失去了树，就再也不能独立生长。

其实在寻找一棵大树之前，应该把自己先培养成一棵树，双木才成"林"，一人一木是"休"，不是被自己"休"，就是被别人"休"。

学会爱自己，什么时候学都不晚，可以从今天开始，可以从这一刻开始。人，不应该牵挂未来而焦虑企盼，也不应该对往事反悔惋惜而不能自拔，要知道只有现在这一分、这一秒才是最重要的、最能确定的。未来总是裹挟着希望和失望，过去常常提醒自己的失误，要知道未来和过去都和我们想象的不同，只有现在才是我们可以把握的。

09 指责别人，
伤害自己

在与人相处的过程中，最容易犯的一个错误就是随意指责别人，这也许是由于年轻气盛，也许是由于对自己的绝对自信。但不管怎样还是要提醒你，指责是对别人自尊心的一种伤害，是比较难以被人原谅的伤害，如果你不想让身边有太多的敌人，那就请口下留情，尽量用鼓励代替指责。

人的本性就是这样，无论他做的有多么不对，他都宁愿自责而不希望别人去指责他们。别人是这样，我们也是这样。在你想要指责别人的时候，你得记住，指责就像放出的信鸽一样，它总要飞回来的。因此，指责不仅会使你得罪了对方，而且也使得他必须要在一定的时候来指责你。即使是对下属的失职，指责也是徒劳无益的。如果你只是想要发泄自己的不满，那么你得想想，这种不满不仅不会被对方所接受，而且你就此树了一个敌人；如果你是为了纠正对方的错误，那为什么不去

第二章
受欢迎的性格，受欢迎的人

诚恳地帮助他分析原因呢？

手段应当为目的服务，只有怀有不良的动机，才会采用不良的手段。许多成功者的秘密就只在于他们从不指责别人，从不说别人的坏话。面对可以指责的事情，你完全可以这样说："发生这种情况真遗憾，不过我相信你肯定不是故意这么做的，为了防止今后再有此类事情发生，我们最好分析一下原因……"这种真心诚意的帮助，远比指责的作用明显而有效。

另外，对于他人明显的谬误，你最好不要直接纠正，否则好像你是在故意让他出丑，有时候谬误越是明显，被纠正的人的自尊心就越受伤。在生活中一定得牢记，如果并非原则之争，点到即可，即使对方不肯承认，也可以避免树敌，大可对自己说已经给对方种下了反思的种子，只是需要时间来慢慢发芽，这样于己也没有什么损失。口头上的牺牲有什么要紧，何必为此结怨于人呢？对于原则性的错误，也应该尽量想办法含蓄地示意。既然你的原意是为了让对方接受你的意见，含蓄地指出被对方接受的可能性会比较大。

微笑、眼神、语调、手势都能表达你的意见，唯独不要直接说"你说得不对""你错了"等，因为这等于在告诉并要求对方承认："我比你高明，我一说你就能改变你自己的观点"，而这实际上是一种挑衅。商量的口吻、请教的诚意、轻松的幽默、会意的眼神，更容易使对方心服地改变自己的失误，与此同时，你也不会树敌。要知道，只有很少一部分人不仅思想符合逻辑而且具有反思意识，大多数人生来就不可避免地带着偏见、嫉妒、贪婪和高傲，人们一般都不愿通过他人的提议改变自己的意愿。他们若有错误，往往情愿自己改变。如果有人能有耐心绕过那些负面的情绪，将错误讲策略地加以指出，大多数人也会欣然接受并为自己的坦率和求实精神而产生良好的自我感觉。

假如由于你的过失而伤害了别人，你得及时向人道歉，这样的举动可以化敌为友，消除对方的敌意。说不定你们今后会相处得更好。既然得罪了别人，当时你自己一定得到了某种"发泄"，与其等待来自别人的"回泄"，不知何时何地会飞出的一支暗箭，远不如主动上前致意，以便尽释前嫌，演绎流传千古的"将相和"。

为了避免树敌，还有一点需要特别注意，这就是与人争吵时不要非争上风不可。请相信这一点，争吵中没有胜利者。即使你口头胜利，但与此同时，你又树了一个对你心怀怨恨的敌人。争吵总有一定原因，总为一定的目的。如果你真想使问题得到解决，就绝不要采用争吵的方式。争吵除会使人结怨树敌，在公众面前破坏自己温文尔雅的形象外，也没有什么别的作用。如果只是日常生活中观点不同而引致的争论，就更应避免争个高低。如果你一面公开提出自己的主张，一面又对所有不同的意见进行抨击，那可是太不明智了，致使自己孤立和就此停步不前。如果你经常如此，那么你的意见再也不会引起别人的注意。你不在场时别人会比你在场时更高兴。你知道的这么多，谁也不能反驳你，人们也就不再反驳你，从此再没有人跟你辩论，而你所懂得的东西也就不过如此，再难从与人交往中得到丝毫的补充。因为辩论而伤害别人的自尊心、结怨于人，既不利己，还有碍于人，这实在不是一个聪明人的做法。

"多个朋友多条路，多个仇人多堵墙"，生活中你要注意尽量避免树敌，更不要做因指责别人而得罪人的蠢事。

第三章
心态好才是真的好

　　很多时候，人都喜欢假设，假设自己聪明漂亮又有钱、假设自己嫁给了完美的爱情而不是嫁给了从众心理等等，如果这些假设都能够成立，那么这个世界一定会变得非常完美，至少是我们所认为的完美。但遗憾的是，人生不过是一张单程车票，所有走过的、经历过的都成为不可更改的事实和历史。无论你愿意接受还是不愿意接受，这就是生活的真相，且无法撼动一丝一毫。既然一切都木已成舟，那我们只有改变自己的心情，以良好的心态去坦然接受。

01 放下烦恼事，保持平常心

人的欲望永远无法满足，能随遇而安的人，谁也没资格说他是不幸的人。

天使答应实现一个女人三个愿望。她的第一个愿望就是希望自己的丑老公马上消失，让她找一个超级帅哥。

她如愿以偿了——可是她发现这个男人对自己一点也不好，自己在他那里丝毫没有受到美女应有的待遇，更别提恩爱了。女孩整天过着寂寞冷清的生活，为此她懊悔不迭，于是，她请求天使让她体贴的老公再回来。

现在，只有最后一个祈求了。美女考虑了很多，如果长命百岁，没有健康又有何用呢？如果有了健康，没有金钱又有何用呢？如果有了钱，没有爱人的陪伴又怎么能快乐呢？

她开始患得患失，终日忧心忡忡，失去了以前生活的快乐。最后

第三章
心态好才是真的好

她问天使:"您能指示我祈求什么才好吗?"天使笑笑说:"还是祈求安于生活里的一切事吧!"

生活是琐碎的,保持一种平和的心态尤为重要。身为芸芸众生,平和的心态就更为重要了。

心态平和,就可以坦然面对逝去的岁月,哪怕是已开到极致的花,依然雍容华贵,仪态万千。心态的好坏能直接影响到自己的情绪,更直接指挥着自己的行为;心态平和,能保护自己不会因突发情况被外界刺激到,不敏感、不妒忌、不心理失横、不歇斯底里,对于纷繁复杂地外界干扰和诱惑的确能起到很强的抗拒作用。

平和就是对人对事看得开、想得开,不斤斤计较生活中的得失。淡泊就是超脱世俗困扰红尘诱惑,视功名利禄为过眼烟云,有登高临风宠辱不惊的胸怀。这样的心态,不是看破红尘心灰意冷,也不是与世无争冷眼旁观、随波逐流,而是一种修养一种境界。

人生在世,谁都会遇到许多不尽如人意的烦恼事,关键是你要以一份平和的心态去面对这一切。世界总是凡人的世界,生活更是大众的生活。我们在平和的心态中寻找一份希望,驱散心中的阴霾,战胜困难的勇气和信心就会油然而生,我们的心情就会越过眼前的不快而重新变得轻松,这就是保养心态!保养心态其实就是时时调节心情,时时告诫自己:学会平和释然超脱,学会知足常乐,学会善待生命。如何保持这种平和的心态呢?

首先,不要对任何事抱过高的期望。对工作如此,对人性亦是如此。

我们生活在一个更加开明的时代。每个人都有自己的价值,可以自由地工作,或丰或俭,有收入可以养活自己,这支撑着每个人都可成为不依附于人的独立个体。要珍惜这来之不易的自由，在一切的事上，自己能做的就自己做，不要让别人觉得你是个负担。在一段感情中，轻松、平等的关系会更持久。只要有了这个认知就应当明白，对别人抱有过高的期望是不切实际的。正如一个苹果，你吃之前就想它会如何的甜，可它很可能并没有想象中那么甜，或者压根儿它就不甜，那又怎么办？你会感到失望以及失落。所以，凡事不要抱过高的期望，与其期待别人倒不如期待自己。

其次，用欣赏的眼光去看周围的人，多看别人好的地方，这对你和周围的人来说这都是让人心情愉快的事情。

阅历丰富的人，就会多有积淀，这种沉淀能够显得宽厚而大度。人只有经历酸甜苦辣，才懂得人生的味道，因此也必须学会珍惜人生和珍惜感情。这也是保持心态平和的一种方法。

02 控制自己的情绪，
　　不要被冲动的魔鬼左右

每天的生活中情绪时有起伏，如何保持情绪的平衡很是关键，而情绪控制的首要任务是妥善处理冲动。

如果你刚穿上一件新买的高档时装出门，忽然被身边一辆疾驰而过的汽车溅了一身污水，无论是谁，遇到诸如此类的事情，都难免气愤和恼火。你开始破口大骂，并说着些非常合乎逻辑的话语。这时你的生理开始有些变化，脸色改变，甚至全身发抖，心跳加快、呼吸急促、胆汁增多，最后是越想越生气。

人是感性的动物，情绪很容易被外界的事物所影响。人、事、景、物、季节等都会对人们的情绪变幻产生作用。面对生活中那些层出不穷的麻烦事，怒气总是不请自来，挡都挡不住，所以，能制得住冲动的人都散发着一种"高级感"。

当我们在与人沟通意外受阻时，如果不能理智地控制住自己的情绪，任由怒火肆意而来，那么很可能伤害到别人，就会造成人际关系的不和谐，对自己的生活和工作都将带来很大的影响。如果学会运用理智和自制，控制自己的情绪，就能正确地处理好事情。

愤怒的情绪人人都会有，任何时候都要让自己去主宰自己的情绪，只有这样，事情才能办好。

让愤怒的情绪当即爆发出来，只会使事情变得更加糟糕。它可以让原来认为你温文尔雅的人一下子改变对你的印象。这种情况下，事后你可能会觉得后悔，但是世界上是没有后悔药可吃的。因此我们应该学会控制自己，学会尽量不发火而把事情解决好。那么如何在一些不愉快的场景中迅速地控制自己的情绪呢？

（1）语言暗示法

在情绪激动时，自己在心里默念或轻声警告"保持风度""不要发火""想想你的猫"等，抑制自己的情绪，也可以做成小纸条放在自己的包里、办公桌或是床头。

（2）转移注意

在受到令人发怒的刺激时，大脑会产生一个强烈的兴奋灶，这时如果你能主动地在大脑皮层里建立另一个"兴奋灶"，用它去转移注意力，去抵抗或削弱愤怒，就会加速怒气平息。如果情况不是需要马上处理的，那么最简单的办法就是暂时离开引发情绪的环境和有关的人或物。

（3）嘲笑自己

用寓意深长的语言、表情或是动作，机智巧妙地表达自己。你可以自己嘲笑自己："我这是怎么啦？怎么像个三岁小孩子似的。"

（4）回忆愉快的事情

当不愉快的事情发生时，应该尽量多想些与眼前不愉快体验相关的，过去曾经发生的愉快事情，比如现在这个正在指责你的人曾经给过你的帮助和友善等等。

（5）站在他人的角度想问题

站在他人的角度想问题，也就容易理解对方的观点和行为。在多数情况下，一旦将心比心，你的满腔怒气就会烟消云散。

当负面情绪出现时，不要一味去压抑它，那可能会把你压垮。要坦诚地面对自己，认识自己的负面情绪。你认识到自己是个容易伤感的人，那就承认它；你认识到自己是个容易暴躁的人，那就承认它；你认识到自己沮丧、嫉妒、报复心强，那就承认它。否认与回避是没有意义的，因为你的情绪就是你的一部分，你要先正视它，然后才能找到处理的方法。当你认识到了自己的负面情绪之后，要尽快地、真诚地向被你伤害到的人和你自己道歉。

03 与人攀比，
　　自寻烦恼

　　人作为一种生物，存在于自己身边的人、身边的环境之中。要在激烈的自然进化中生存下来，必然要经历激烈的竞争，也许这为攀比埋下了伏笔。我们其实都知道，攀比不见得就是一件坏事，主要是看你用在什么地方。人对于自己的认识大部分是在比较中形成的，如果在每一个方面都在和别人攀比，说明这人很可能是对自己缺乏认知而又自尊心过强；但如果只是在自己擅长的领域和更好的人相比，则可视之为有上进心。一次考试、一套房子、一项评级……大事小事都可能会引发攀比。在攀比之中，或是心满意足、趾高气扬；或是孤芳自赏；或是醋意大发、怨气横生。总之，是几家欢喜几家忧愁。有的人为了免受其累，宁可忍让一些，想要息事宁人，结果却有人把别人的谦和有礼当成软弱，把别人的淡泊超脱当作无能，在争斗比试中活得有滋有味。实际上，这种纯是人自己找事而非事情本身的阻力，正是让我们活得苦、活得累、活得不舒心又无可奈何的根源。

小A的家庭不算富裕，但是看见同事张会计买了辆新车，就觉得自己也应该买一辆。于是便借钱买了一辆和张会计一样的车，不知道到底是出于什么心理，甚至是连车身的颜色都一模一样。

小A是觉得开车美极了，可以戴上墨镜四处飞奔，可以在人多的地方到处炫耀。但是买车不贵养车贵呀，买了车还得要买油，还得交纳保险养路费等等。这给本身就不是很富裕的家庭带来了沉重的经济负担。是啊！被攀比心捆绑的人活得可能轻松吗？别人有什么自己就要有，借着外债过着紧巴巴的日子。

那么怎样才能做到不攀比呢？

（1）树立正确的竞争心理

看到别人在某方面超过自己时，首先要意识到自己是在嫉妒。不要盯着别人的成绩心生怨恨，更不要想着把别人拉下马，别人的错误并不能使你显得伟大。要采取正当的策略和手段，充实自己，提高自己的竞争力。

（2）树立正确的价值观

人想要的东西实在太多了。闲暇时候，努力分清楚哪些欲望是虚的，虚的就打包封存；哪些欲望是实的，实的就主动出击。如果别人先你一步达成了目标，首先要肯定别人的成绩，如果你能虚心向别人学习，就是搭上了顺风车。爱惜自己的羽毛，崇尚高尚的人格。不要放任自己在见不得光的心思里折腾，就算一时间迷失了，如果尚能自查，就要迅速采取措施调整过来。

（3）提高心理健康水平

心理健康的人总是胸怀宽阔，做人做事光明磊落，而心胸狭窄的人，特别容易产生嫉妒。

（4）摆正自己的虚荣心

要改变盲目攀比的幼稚心态，一定要比就和自己的过去相比，看看各方面有没有进步。表面上光鲜亮丽，心底一片泥泞的人拥有再多也得不到快乐。

实际上，上帝对每个人都是平等的。上帝给谁的都不会太多，也不会太少。偶尔给错了，多给了，还会收回去，收的时候也会多收，连本带利。攀比的人紧盯着别人所有的，忽略了自己所有的，着实可怜可恨。人不可能在所有的事情上比所有的人强，只要选择攀比，就必会承受挫败。届时千万不要埋怨上天的不公，也不要去渴求别人的怜悯，若能安安静静吞下攀比的苦果，引以为戒，还能保持风度收获历练。面对现实，努力找到生命的另一个窗口，去唤醒黎明，在痛苦中崛起，才会展现你最美的一面。

攀比没有什么好处，人在无休止的攀比中煎熬着心灵，进行着最无用又最催人衰老的"消耗战"，在时间的推移中，既失去了外在的美丽，又失去了内在的美好。

04 嫉妒难免，
　　请巧妙面对

一个政治家曾经说过："悲伤和失望引起愤怒，愤怒引起妒忌，妒忌引起恶毒，恶毒又再度引起悲伤，直到完成整个循环。"虽然都知道嫉妒是低级的情绪，害人害己，应当极力避免，但是在激烈的竞争之下，嫉妒就如影子，悄无声息的，在不经意间一低头，发现它就在那里……也许我们可以克制自己不去嫉妒别人，但也不能保证别人就不嫉妒我们。

职场中，越是能力出众的人，越容易感受到来自身边的嫉妒。如果是个男性，这种情况可能会稍微好些，因为能力出众可能会收获一些女同事的高看。可如果是女性，环境有可能就更加不顺了，在承受职场性别歧视的同时，不仅要应对来自同性的嫉妒，还要应对来自异性加倍的嫉妒和责难——你越优秀，他们越不甘。所以不得不一边做着自己的事，一边还要去照顾别人脆弱的自尊心，这实在是一个耗时费力、没有意义却又普遍存在的困境。嫉妒的内容涵盖了你的职位、工作能力、上司对你的赏识、你的外貌、衣着乃至你的家庭状况。虽然嫉妒并不会给你带来直接的危害，却会为你埋下了失利的种子。因此，当你不可避免地被嫉妒时，最好不要立即还击或是置之不理，要找到规律和方法，将损失降到最小。

那么，如何应对嫉妒呢？可以采取以下三种方法。

（1）尽量客观、准确地正视自己。

被嫉妒，也可以变相地理解为被认可。当发现自己处于被嫉妒的困境中，心里不要慌乱，要客观分析被嫉妒的原因。到底"只是一个美丽的误会"，还是自己真的在哪个方面做得很好、取得了成功？这成功是否具有排他性？有没有可能帮助身边的人一起达到、或者部分达到他们想要的效果？如果是排他性的成功，那么有没有可能利用你的成功给同事们带来一些实质性的好处呢？

（2）虽然艰难，但是不要放弃真诚的沟通。

人有一种心理倾向，看到别人的成功，在潜意识中就会低估别人所付出的努力，会认为别人取得的成功没有那么难，也许是运气好些、机缘巧合、暗箱操作等，这也许是一种心理保护机制吧。

但是不管怎么说，努力去和嫉妒你的人真诚的沟通，绝对是低成本、高效率的一种解决方法。如果有机会让对方感觉到你赢得并不轻松，让他们在看到你成功的同时，也能有机会看到背后不懈的努力、巨大的付出，其失衡的心理也会相应得到矫正。

这也算是一种诚恳的示弱。千万不要明明很努力却为了满足自己可笑的虚荣心，偏要把过程说得很轻松，那样做无异于自掘坟墓。

（3）多看别人的长处

被嫉妒蒙蔽了心和眼睛的人，是很难看到自己的长处的，他们在嫉妒别人的同时也失去了对自己的准确判断力，尽管态度上可能是强硬的，但是心中却弥漫着沮丧与自卑感。这时候如果能有人及时指出他们的强项和可贵之处，帮助他们重新找准自己的定位，强化自我价值，那么嫉妒的情绪将难以为继。如果指出他们长处的人正好就是被他们嫉妒的人，那么效果就会事半功倍。

人不完美，难免迷失。嫉妒一旦滋长，在情绪中的双方都在经受痛苦，聪明如你，在受到伤害的时候不要只顾得生气与委屈，要知道那个嫉妒你的人心里一点儿也不比你好受。这种时候最适用的一句话就是：帮别人便是帮自己。

试着去放下针锋相对的恨意，对那个嫉妒你的人伸出友善的手。毕竟每个人都知道嫉妒是低级的情绪，意识到自己在嫉妒会产生羞愧感，而羞愧感的强大负面能量是每个人都难以承受的，谁也不愿意自己沉溺其中。我们要善用这种力量，化解自身的困境。但是在伸手的同时也要记得防人之心不可无。

嫉妒心理往往发生在工作及社交中双方及多方之间，因此要尊重并乐于帮助他人，尤其是自己的对手。注意自己的性格修养，这样不但可以克服嫉妒心理，而且可使自己免受或少受嫉妒的伤害，同时还可以与同事、朋友建立较为和谐的关系。自己在感受到生活愉悦的同时，事业也更加容易成功。

05 完美，
人性的陷阱

自强自爱的人，因其高洁的品格，自然地比得过且过的人更容易陷入完美的陷阱。只要注意到自己还有所不足就本能地加以修正，这是一个人出类拔萃的内因。但是凡事不可过火，若事事追求完美，快乐将无处安身。要具有渊博的学识，保持着优雅的姿态、不俗的气质、不凡的谈吐，在工作中不但要求做到不出任何差错，在生活中跟所有人都关系很好八面玲珑，这样的自己就可以算是完美了吗？追求完美的人，制定很多规则与标准来约束自己，从严于律己来说，这是件好事。但是有些事情是真的没有必要太介意的，一直紧紧绷着就会心态失衡，觉得环境和自己格格不入。这样的人生，快乐就如同填坑，永不停歇地填自己挖下的坑，这样的人生，就会很累。

在与人交往时，为了维护自己完美的人设，被动地生活在一个狭小的圈子中。比如，很想可又不敢融入到群体中去，怕暴露了自己的缺

第三章
心态好才是真的好

点、不敢表露自己的感情、不敢表达自己的观点和态度、给自己制定了太多的条条框框、拖延症、以完美的标准要求自己，带给自己的却只有沉重的压力和深深的自责。对于别人的褒奖，只会感到诚惶诚恐，认为自己还差得很远。违心地满足别人的要求，委屈自己，打肿脸来充胖子。

完美主义包括了两个方面：完美主义努力，即正面效应，包含严格的自律和高标准道德观。完美主义担忧，即负面效应，是指过度自我批判以及满足感的缺失。对完美的渴望和恐惧混合成完美主义者的焦虑，持续消耗着勇气、损失了很多尝试的机会、付出了更大的代价、干扰了自我价值的判定、甚至会变得虚伪——因为真是情况是完美并不存在、并且让人际交往变得更加不顺利。所以说起完美主义带给人的成功和困扰，那真是冷暖自知。

完美主义者的爱情之路会更加坎坷，你同意吗？从爱情开始之前，所背负的机会成本就非常高，更多的时候会选择在远处看着或者伪装周旋，反正是不敢接近，就这样错过了多少可爱的人。好不容易有机会开始一段感情，对回应的期待、对细节的偏执、对偏差的恐慌、对己见的坚持……这些沉重很容易把完美主义者的爱情压死，毕竟"人与人之间完美的爱"这种东西它也不存在。

如果你正巧也是完美主义者，并且已经感到很辛苦，不妨在以下两点做些尝试。

第一，试着追本溯源。是谁，从什么时候起在你心里种下了必须做到完美的种子？或者是通过哪件事情，那让人窒息的压力让你开始恐惧"自己做得还不够好"？如果能够回忆起偏执的源头，对你平息焦虑，解开心结会有帮助。

第二，试着设条"优良线"。折中是个好办法，在平均水平和完美之间给自己设立一条线，一条经过拔高的及格线，一般人能做到这里就已经是优秀了。做到优秀后要给自己肯定和奖励，接受自己的优秀，让自己在这一阶段变得快乐起来。

每一个人和这个世界，确实本就是不完美，这和你是否足够努力一点儿关系也没有，这也不是人所能改变的事情。正因为不完美所以才多姿多彩，正因为不完美所以才完整。多些自信，多些自爱，才会拥有充满笑声的美好生活，你的优点和你的不足都是与众不同的，所以你很可爱。

在这里，只想告诉那些为生活而拼搏的人，苦苦追寻幸福的姿势一定是优美的，因为"追寻"本身就是对美好的渴慕。要活出自己的特色、活出自己的风格与精彩，不要太在意别人的言论。完美是虚幻而不存在的，只有问心无愧的努力才能得到最踏实的收获。

第三章
心态好才是真的好

06 勇于面对，积极调整

暗示在我们的日常生活中是普遍存在的，并且很特别的心理现象。它是人或环境以非常自然的方式向个体发出的信息，个体无意中接受了这种信息，从而做出反应的一种心理现象。

暗示，分自暗示与他暗示两种。自暗示是指自己对自己发出的某种观念，对自己的心理施加某种影响，使情绪与意志发生作用。例如，人们都在早晨上班前或去办事前，愿意照照镜子、整整衣服、梳梳头发。有的人从镜子里看到自己的脸色不太好，并且觉得上眼睑浮肿，恰巧昨晚睡眠又不好，这时马上会有不快的感觉。顿疑自己是否得了肾病，继而觉得全身无力、腰酸背痛，于是觉得自己不能上班了，甚至立刻就得到医院就医。这就是对健康不利的消极自我暗示作用。而有的人则不是这样。当在镜子里看到自己脸色不好，由于睡眠不好而精神有些不振，眼圈发黑时，马上用理智控制自己的紧张情绪，并且暗示自己：

到户外活动活动，做做操，呼吸一下新鲜空气就会好的，于是精神振作起来，高高兴兴去工作了。这种积极的自我暗示，有利于身心健康。

他暗示，是指个体与他人交往中产生的一种心理现象，别人对自己的情绪和意志发生作用。如三国时曹操的部队在行军路上，由于天气炎热，士兵都口干舌燥，曹操见此情景，大声对士兵说："前面有一片梅林。"士兵一听精神大振，并且立刻口生唾液。这是曹操巧妙地运用了"望梅止渴"的暗示，来鼓舞士气。

暗示对人的作用是很大的。它有时也给人体带来不良的影响。例如"假孕"，它是指有的女人结婚后很想怀孕，由于焦虑而十分害怕月经按时来潮，证实怀孕失败。所以当自己月经过期未来，就觉得自己怀孕了。很快又觉得自己开始厌食、恶心、呕吐，喜吃带刺激性的食物，于是到医院就诊。但经医生检查和化验后，发现并不是怀孕。这是因为想怀孕的强烈愿望及焦虑的心理因素，破坏了人体内分泌功能的正常进行，尤其是影响下丘脑垂体对卵巢功能的调节，使体内的孕激素增高和排卵受到抑制，进而导致出现暂时闭经的结果。

在临床中，暗示还可以治疗疾病。例如一个人因妻子突然在车祸中死去，精神上受到强烈的刺激，悲痛得双目失明。

但经医生检查，眼睛的结构没有病变，诊断为心理性失明。用许多方法都没治好，后来进行催眠治疗。催眠师暗示他视力已经恢复，对他说："我数五个数，数到第五个时，你醒来就能看见东西了。"催眠师慢慢地数一、二、三、四、五。果真数到五的时候，病人醒来，发现自己的视力已完全恢复。

经研究试验证明，自尊水平低的人更容易接受暗示。有一种歇斯底里型人格（又称表演型人格或癔症人格），其显著特点就是情绪的不稳定与不成熟，行为举止如同普通的儿童。"受到大家关注"是他们很强烈的心理需求，极端自我中心，拒绝观察和理解别人，既善于欺骗自己又习惯性地去欺骗别人，这样的人最容易对暗示不加判断地接受。

性别歧视的渊源就和世界文明历史一样长久，在推崇孔儒文化的东方，直到今天，厌女的毒瘤在有些地区依然隐藏在肌肤之下、骨髓之中。看似善意的提醒、受到伤害时的"安慰"、天然的"中立"的评判、习以为常的定位、事故中被强调的"女"字、被鼓励的"和解"、站在既得利益者立场上的"劝告"，这些，还只是在法治比较健全的地方，形式转而温柔的歧视。在这种气氛下，女性的自尊水平，相比较男性会变得更低，因为这个世界一直在向女性提出这样的要求：照顾男性的自尊心。当一个女人的尊严和一个男人的尊严发生冲突的时候，尤其是，当这个场合不那么私密的时候，几乎所有的声音都在强调：你必须要把面子留给男人。至于当冲突发生时——无论起因为何，到底为什么男性的尊严有权优先于女性的尊严受到维护，得到的答案心酸又可笑，因为"男人需要尊严"。在这种强大的作用力之下，是的，自尊水平相对较低的女性确实更容易受到暗示，"女生理科不行""女人开车不行""女的当一把手不行"。一部分女人对这些暗示就不加判断地接受了，甚至就下意识地执行了，按照别人所暗示的样子，把自己活成了一团恶性循环。

不管是男人还是女人，只有自己能对自己负责。不要听信别人无知的言论，不要接受别人恶意的暗示。

精神暗示，实际就是将生活情感的幻想实在化。你时时生活在幻想里，于是你的幻想也就成了你的实在的生活了，至少成了你实在的生活之中的一部分了。暗示虽然也有一定的正面作用，但是大多数时候是对自己的欺骗。有这一习性的人应走出暗示的迷雾，活得更真实一些，只有现实才是最真实的感受。

在日常生活中，不要给自己过于大的压力，要经常保持一个放松的心态。你可以把自己看成一个美丽、诚实、有自身价值、有成就、拥有健康关系的人，但无须自我崇拜。我们可以运用积极的心理暗示，让自己走出烦恼。

07 别吓唬自己

由于东方人普遍被赋予内敛、含蓄的性格（东方女性更是如此），这样的人在很多场合中不愿意、或者不善于主动表达自己，较容易在社交中产生对陌生人产生类似于排斥或者恐惧的情绪。此时不要担心，更不要以为自己患了什么社交恐惧症。引起这些的原因有可能是你对自己不够自信，教你几个小方法，问题就会迎刃而解了。

（1）不否定自己，不断地告诫自己，在心中默念"我值得去尝试""天生我材必有用"。

（2）凡事不要苛求自己，能做到什么地步就做到什么地步，只要尽力了，不成功也没关系。

（3）不要总是回忆不愉快的过去，过去的就让它过去，没有什么比现在更重要的了。

（4）友善地对待别人，把助人看作快乐之本，在帮助他人时能忘却自己的烦恼，同时也可以证明自己的价值存在。

（5）找个倾诉的对象，有烦恼或心结的时候一定要说出来，找个可信赖的人说出自己的心里话。这个人不一定就能帮助你解决问题，但至少可以让你发泄一下。要知道，长期压抑和强迫自己会让你的情绪更低落。

（6）每天给自己10分钟的思考时间，不断总结自己才能有足够的精力和信心面对新的问题和挑战。

（7）到人多的地方去，让不断过往的人流在眼前经过，试图给路过的每一个人微笑。

面多生活中的诸多不顺，每个人都在拼尽全力适应。有一种人情感过于丰沛、心理特别脆弱，就是大家所说的"玻璃心"。这种人敏感的神经随时都可以被调动起来，因为周围发生的一切都会在你的心里留下深深的痕迹。新闻里一个话题沉重的报道会让你没有食欲。有一天，你目睹了一场车祸，你用了好几个月才缓过来。

一旦你感到自己受到伤害的时候，心中便升起极度委屈的情绪。比如在商场里，如果售货员用干巴巴的口吻对你说"没有你要的尺码"，你的心情立即就会变得很坏。

如果你不能接受别人对你的负面评论，虽然你也走上了工作岗位，给自己披上了一个职场人的外壳，显得果敢而练达，但是在别人对你的工作提出某种批评时，你会好几个小时在那里琢磨，缓不过劲儿来。

如果朋友说了在你听来很难接受的话，你就会耿耿于怀，心里不舒服。他们的言语就是在你的心里挥之不去，你就算知道朋友说得对，也还是感到无法释怀。而如果你感到身边的朋友欺骗了你，那情况就更糟了，你会一连好几个星期躲在家里医治心灵的创伤。其实你也知道，应该从自我孤立中走出来，重新与朋友交流，否则很快你就不会再有朋友可以去一起逛街或下馆子了。

这些都是敏感心理的普遍反应，也是一种社会病，是极为普遍的存在。其实每个人都可能在特定压力下，于某件事上，或者某个时间点上变成"玻璃心"。因此要正确认识和调适自己过度敏感的心理。

真正了解自己敏感的根源。过度敏感往往是不成熟的表现。遇到微妙又棘手的事情，受了一点点委屈，眼泪很快就涌了上来，于是跑到洗手间去哭。当自己敏感的神经被激发出来的时候，应该问自己几个问题：是谁让我这么敏感？我敏感的是什么？我不敢说出口的又是什么？

比如，你在你的上司面前紧张，是因为你缺乏自信，还是惧怕权势，还是内心世界潜藏着别的什么原因？心理治疗学家说："当过去的痛苦经历再次出现的时候，人们往往会变得过度敏感。"结果是，别人碰到了你的痛处，你就不能自制了。

不要让坏事影响自己的心情。过度敏感的人都有一种自贬自责的倾向，一个小小的挫折都往心里去，随即开始怀疑自己的全部。于是，所有外界的批评都是有道理的、应该的，一切都是自己的错。很快就变成了：我自己一无是处，太平庸了，是个傻瓜……其实，搞清楚敏感的根源之后，再遇到不愉快的事情，稍微进行一下自我反省就可以了，并不需要对自己进行全面检讨继而全面否定。

心理学家说："如果一个人的指责很过分，那么你也要懂得回敬那个指责你的人，不要让别人自以为有权利无端指责你。"碰到让你伤心的事，要努力寻找一个解脱的办法，比如你可以向朋友倾诉。越跟别人多交流，就越能从不同的角度看问题。原本认为很严重的事，其实并没有那么糟糕；原本天大的事其实也很渺小。有了一次经历，下次就能够轻松地面对，要让自己从内心里接受已经发生的事情。

世界对你的微笑永远都会是灿烂的。生活虽然不会有太多轰轰烈烈的事情，但是你的生活也绝对没有理由总是处于消极的状态中，要珍视那些小小的快乐。过度敏感的人的弱点在于他们缺乏自信心，总是在寻找抱怨的理由。结果是，即使是别人发自内心的赞扬也不足以让他们往好处去想。所以，为了克服这种情况，过度敏感的人要学会自我赞扬，要培养一种积极的思维习惯。

敏感的人是一个更善于倾听、观察细致的人。他们有很敏锐的知觉，能一下子就看出人性中的弱点，如言不由衷的阿谀，欲言又止的犹豫和眼神中流露的不信任，一切都逃不过他们的眼睛。虽然敏感的人容易想得太多，跟自己过不去，但这种人却是一个有心人，看得清楚想得明白反应迅速。至少他们不至于撞到了南墙还觉得云里雾里。

敏感的人可能会更快地意识到问题，而不会对周边事物视而不见。或许我们从敏感者的身上可以获得某种启迪，那就是防止让自己变成心理麻木者。别人提出批评时，问问自己，他说的有没有说对的地方？有没有夸大的地方？如果能这样，那么别人的批评对你的进步和成熟便是起了建设性的作用了。对于那些不喜欢你的人，你有没有想过无需为了迎合他们的态度来改变自己，与其要让他们喜欢你，不如去结识一些新的朋友，将这个目标作为自己也对着世界灿烂微笑的动力。真正有这种思维方式并能够做到这一点的人并不多。然而一旦你做到了，你对人性的适应能力便会超越平庸，就会让你拥有更多的机会。

有社交恐惧心理，是由于交往范围窄，同时，自己的知识领域也过于狭窄，或对当前发生的事情掌握的信息太少的缘故。缺乏自信，在与他人交往的时候就难免会有恐惧感。这时，你就要拿出勇气，大胆而自信、毫不畏惧地看着对方——不过就是个普通人而已，然后试着用平视的态度与之交谈。

08 驱散忧郁，
不要放弃

一般来说，多愁善感、感情细腻的人，在现实生活中会经历更多的不如意，所以他们经常会产生忧虑、悲伤、抑郁、不开心等低落情绪。这些不仅会影响到一个人的魅力，而且还会影响到他的追求，使成功渐渐远离。

轻度的忧郁，一般没有什么大碍，只要能够及时与人沟通做出调整就可以了。但是如果不及时调理，这种低落的情绪就有可能持续几个星期、几个月，甚至是更长的时间。这时就不再是轻度忧郁了，而是严重的长期抑郁。现在的人们都知道，长期的抑郁的危害性是很大的，可能会出现失眠、恐惧、偏执、强迫行为、惊慌失措等症状；如果一直都是这样的话，将会对人的身心造成巨大的伤害。

重度抑郁症是病，是需要治疗介入的疾病。不要听信"小心眼儿""想不开""就是没事找事"这样"旁观者轻"的无知言论。迄今，抑郁症的病因并不非常清楚，但可以肯定的是，生物、心理与社会环境诸多方面因素参与了抑郁症的发病过程。生物学因素主要涉及遗传、神经生化、神经内分泌、神经再生等方面；与抑郁症关系密切的心理学易患素质是病前性格特征，如抑郁气质。成年期遭遇应激性的生活事件，是导致出现具有临床意义的抑郁发作的重要触发条件。然而，以上这些因素并不是单独起作用的，遗传与环境或应激因素之间的交互作用、以及这种交互作用的出现时点，都在抑郁症发生过程中具有重要的影响。现在，对抑郁症的科普、防范、治疗工作亟待重视，抑郁症防治已被列入全国精神卫生工作重点。

一个人在精神上受到极大的挫折或感到沮丧时，需要及时得到安慰。在这个时候，人往往无心思考其他任何问题。有的人经受了失恋的打击后，竟会决定去和一个自己不爱的、甚至是随便一个人结婚，这就是一个很好的例子。

当然，当一个人陷入彻底沮丧的境地时，亲朋好友们经常会劝道："千万不要担心，一切都会好起来的。"但是，这时说这样的话是根本无济于事的，也不能起任何作用。当事人已经深深地陷入伤心、失望和不能自拔的沮丧抑郁当中。

当你陷于抑郁中，一定要努力记得：现实与你的感受，虽然是同样的重要，但是却是不同的！

下面的方法可能会给你一些启示：

（1）让自己行动起来。可以把自己每天从起床到熄灯要做的事情写下来，吃饭、洗澡也包括在内。

（2）得到自我认可。你也可以想办法从某一方面帮助别人，这样你就会与他人接触，并同时感受到一种自我价值的实现，这也是一种积极有效的办法。同时，养宠物也是个很好的选择，它们可以成为敦促你每天必须起床的动力。

（3）可以听一听音乐。先听一段与你目前情绪较吻合的忧伤的曲子，然后逐渐改为欢快的曲子，直到让自己的情绪也随着乐曲逐渐欢快起来。或是穿一件颜色鲜艳的衣服，把自己打扮得漂漂亮亮，让自己振奋一下心情。

（4）当有重大的、不可避免的坏事情发生时，一定要试图保持心理的平静，努力以你能做到的最平和的心态去接受最坏的情况。最后再把自己的时间和精力，拿来试着改善在心里已经接受的那种最坏的情况。

（5）研究证明，人们的行为可以在一定程度上决定人们的心情。因此，走路要步伐轻快，尽量不要拖拉着脚跟；要昂首挺胸，不要低头含胸；要笑口常开，不要愁眉苦脸，即使是浅笑也可以对付忧伤。

人是感性的动物，所以在感到沮丧的时候，千万不要着手解决重要的问题，也不要对影响自己一生的大事作什么决断，因为那种沮丧的心情会使你做出错误的决定。

09 一切恶行都围绕
　　虚荣心而生

　　人具有虚荣心，这一点无可辩驳。从心理学的角度出发，虚荣心是指一个人借用外在的、表面的或他人的荣光来弥补自己内在的、实质的不足，以赢得别人和社会的注意与尊重。它是一种很复杂的心理现象。法国哲学家柏格森曾经这样说过："虚荣心很难说是一种恶行，然而一切恶行都围绕虚荣心而生，都不过是满足虚荣心的手段。"

　　很多人都读过法国作家莫泊桑的短篇小说《项链》：玛蒂尔德为了能在舞会上引起注意而向女友借来项链，最后在舞会取得了成功，但却乐极生悲，丢失了借来的项链。为了还这条项链，玛蒂尔德只好举债。后来，玛蒂尔德辛辛苦苦用了十年的时间才还清这一条项链所带来的债务。

　　看完这个故事后，很多人都会为玛蒂尔德感到悲哀。为了一条项链，付出了沉重的代价，最后还被告知借来的项链是假的，真是巨大的讽刺啊！造成这一悲剧的主观原因却是她自己——因为爱慕虚荣。

大师莫泊桑深刻描写了玛蒂尔德因羡慕虚荣而产生的内心痛苦："她觉得她生来就是为着过高雅和奢华的生活，因此她不断地感到痛苦。住宅的寒碜，墙壁的黯淡，家具的破旧，衣料的粗陋，都使她苦恼……她却因此痛苦，因此伤心……心里就引起悲哀的感慨和狂乱的梦想。她梦想那些幽静的厅堂……她梦想那些宽敞的客厅……她梦想那些华美的香气扑鼻的小客室。"，"她没有漂亮服装，没有珠宝，什么也没有。然而她偏偏只喜爱这些，她觉得自己生在世上就是为了这些。"这些感受，都是玛蒂尔德的虚荣心。

处于特定社会文化环境中易产生虚荣心。人作为社会性动物，都希望保全自己的"脸"和"面子"，这是最基本的自我保护，也是人类本能的反应，这种心理是自尊心。但是当自尊心被夸大和扭曲，就会变成虚荣心，是一种严重的性格缺陷。

无论从哪个角度衡量，被虚荣心控制的人都十分可怜。他们有不甘人后的上进心、有对"美好"的判断力，他们明明地知道事情应该是怎样的。但是他们不惜用伤害或欺骗别人来满足这种扭曲的追求、用真实的丑陋去装扮虚假的美好。如此的可怜又可恨，以至于每当看到虚荣的人夸夸其谈或者扭捏作态，旁观者往往既不忍心说破，又在心底激起深深的鄙夷，对其避之唯恐不及。

虚荣心理，其危害是显而易见的。其一是妨碍道德品质的优化，不自觉地会有自私、虚伪、欺骗等不良行为表现。其二是盲目自满、故步自封，缺乏自知之明，阻碍进步成长。其三是导致情感的畸变。

由于虚荣给人的沉重的心理负担，需求多且高，自身条件和现实生活都不可能使虚荣心得到满足，因此，怨天尤人，愤懑压抑等负面情感逐渐滋生、积累，最终导致情感的畸变和人格的变态。严重的虚荣心不仅会影响学习、进步和人际关系，而且对人的心理、生理的正常发育，都会造成极大的危害。所以必须努力克服虚荣心。

克服虚荣心理要做到以下几点：

（1）端正自己的人生观与价值观

自我价值的实现不能脱离社会现实的需要，必须把对自身价值的认识建立在社会责任感上，正确理解权力、地位、荣誉的内涵和人格自尊的真实意义。

（2）改变认知，认识到虚荣心带来的危害

如果虚荣心强，在思想上会不自觉地渗入自私、虚伪、欺诈等因素，这与谦虚谨慎、光明磊落、不图虚名等美德是针锋相对的。虚荣的人外强中干，不敢袒露自己的心扉，给自己带来沉重的心理负担。虚荣在现实中只能满足一时，长期的虚荣会导致非健康情感因素的滋生。

（3）调整心理需求

心理需求是生理的和社会的需求在人脑中的反映，是人活动的基本动力。人有对饮食、休息、睡眠、性等维持有机体和延续种族相关的生理需求，有对互动、劳动、道德、美、交流等的社会需求，有对空气、水、服装、书籍等的物质需求，有对认知、创造、探索的精神需求。人的一生就是在不断满足需求中度过的。在某种时期或某种条件下，有些需求是合理的，有些需求是不合理的。要学会知足常乐，多思所得，以实现自我的心理平衡。

（4）摆脱从众的心理困境

从众行为既有积极的一面，也有消极的另一面。看到人性的光芒、美丽的时尚，使人们感到榜样的力量，这样的从众行为是社会的自进化。可是社会上的一些歪风邪气、不正之风任其泛滥，也同样是一个坏的榜样，会使一些意志薄弱者随波逐流。虚荣心理也可以说正是从众行为的消极作用所带来的恶化和扩展。例如，社会上流行吃喝讲排场，住房讲宽敞，玩乐讲高档。在生活方式上与之不符的人为免遭他人讥讽，便不顾自己客观情况，盲目跟风，打肿脸充胖子，弄得入不敷出，负债累累，这完全是一种自欺欺人的做法。所以有智慧的人头脑总是清醒，面对现实，实事求是，从自己的实际出发去处理问题，摆脱从众心理的负面效应。

身为不完美的人，面对生活中无处不在的、巨大的压力，我们需要尽力去克服自己的虚荣心，不要让虚荣主宰着自己去伤害周围的人，不要让虚荣搅浑了自己的人格，不要被虚荣牵着鼻子，偏离了自己应走的路。

第三章
心态好才是真的好

10 宽容是一种
　　有益的选择

　　宽容是什么？发现差异，尊重差异，这就是宽容。宽容，这两个字多么平凡又简单，它是一种豁达，是一种态度，也是一种理智，更是大智慧的象征。宽容是一种坦荡，可以无私无畏，无拘无束，无尘无染。时间必然改变人的容貌，不管再怎样保养也会逝去，但时间会打磨一颗宽容的心，越洗练便越剔透。宽容经由后天修炼得来，它很灵活，宽容到什么程度，完全随自己的心愿，宽容与否，也与道德无关。宽容是一种思维习惯，是一种认知，是一种安置自己与他人的能力。宽容是有限度的善意，宽容不同于宽恕。

　　一个人如果只对自己喜欢的人和事理解体谅，对自己不喜欢的人和事怒目而视，这不是宽容，这叫双标。到底怎样才能算是宽容，并没有标准的答案，但是至少有参考的标准：你是否能够宽容那些对你不够宽容的人？你是否能够认同那些和你意见不合的人也有说话的权利？你是否能够尊重那些和你价值观不相符的人？你是否能够接纳那些和大多数人不一样的人——只要他们没有危害到别人？你是否能够意识到可能是自己错了，真理也许并不在自己手里？

米兰·昆德说："在这个世界上，一切都预先被谅解了，一切也就被卑鄙地许可了。"无奈的是，有些恶行，人没有能力谅解也没有权力许可，我们只能在期盼远离凶恶的同时，运用自己有限的宽容的能力，让自己和身边的人感到更加快乐、幸福。

"别为打翻的牛奶哭泣"是英国的一句谚语，它的意思与中文中的"覆水难收"相似，事情既已不可挽回，那就别再为它伤脑筋了。错误在人生中随处可见，有些错误是可以改正，可以挽救的，而有些失误则是无法挽回的。面对人生中改变不了的事实，聪明的人自会淡然处之。这是有智慧的宽容。

很多时候，痛苦偏偏就是在为"打翻了的牛奶"而哭泣，常留心结，挥之不去。从容、豁达，是经过岁月沉淀的大智慧，在拥有它们之前，如何能让"孩子们"尽量少交学费，确实值得我们深思。

牛奶已经打翻了，哭又有何用呢？再去找一杯嘛！有那么难吗？是否能喝到牛奶都不应该阻碍人享受快乐，快乐不是拥有的多而是计较的少。

人生之中，不如意已经太多了，只要能有所取舍，挑出美好的、真诚的、善意的留在心底，常怀感恩之心看待身边的人和事，就可以笑着开始生活了。

把复杂的事情简单化是一种超级实用的能力，扔掉那些无关紧要的牵绊，用一颗平常的心感受生活，知足常乐，宠辱不惊，一个快乐满足又超然的人，就是人们所追求的"幸福"生动的样子。

第三章
心态好才是真的好

或许你会说"站着说话的不腰疼",但是,在人生中,明明就是有那么多的无能为力的事啊——倒向你的墙、离你而去的人、流逝的时间、没有选择的出身、莫名其妙的孤独、无可奈何的遗忘、永远的失去、他人的恶意、无力改变的环境、不可避免的死亡……悲啼烦恼可以,宣泄可以,但是释放之后请保留宽容,就像歌里唱的,"一杯敬明天,一杯敬过往"。

记住该记住的,忘记该忘记的。改变能改变的,接受不能改变的。能冲刷一切的不是眼泪,而是时间,以时间来推移感情,时间越长,冲突越淡,仿佛不断稀释的茶。

快乐要有悲伤作陪,雨过应该就会天晴。如果雨后还是雨,如果忧伤之后还是忧伤,请让我们从容面对这离别之后的离别。微笑着去寻找一个必然会出现的转折!

你出生的时候,你哭着,周围的人笑着;你逝去的时候,你笑着,而周围的人在哭。多看看人的出生和死亡,去感受生命短暂的震颤,会增强宽容的能力。

人生也就几十年,不要给自己留下什么遗憾,想笑就笑,想哭就哭,该爱的时候就去爱,无须压抑自己。

当幻想和现实面对面时,一定会有痛苦。要么你被痛苦击倒了,要么就是你把痛苦踩在脚下了。

生命中,不断有人离开或进入。于是,看见的,看不见了;记住的,遗忘了。生命中,不断地有得到和失落。于是,看不见的,看见了;遗忘的,记住了。然而,看不见的,难道就不存在吗?记住的,难道就不再消失吗?

人的胸怀具有极大的伸缩性。论到女人,经常听到的一句话就是

"女人家心眼儿小"。这种带着轻蔑的、贴标签儿的、开玩笑似的、不容你反驳否则就是坐实的言论，相信每个女人都听到过。在这嘲弄背后，具有深刻的社会历史原因：一是长久以来的社会分工。母系氏族社会崩溃后，男人负责打猎，女人的活动范围被限定在了较小的空间内。二是漫长的封建社会对女性的歧视。几千年的封建社会给女人制定了许许多多苛刻的行为规范，女人必须足不出户，女人必须笑不露齿，女人必须循规蹈矩，女人不能够上学受教育，女人必须在家从父、出嫁从夫、夫死从子，甚至还要求女人必须弯筋断骨包裹成小脚以求褒奖和接纳。女人的思维和行动范围被严格规范在了庭院以内，女人视野的狭窄造成了目光的短浅和心胸的狭小。

时至今日，女人早已获得了平等的法律地位，但长久以来的歧视具有着强大的惯性。在有些场合，"女人家心眼儿小"甚至是惯用的、优先于是非的、解决冲突的一手"好稀泥"。

女人是否真如他们所说，不便在此书做过多评论。对每一个人来说，心胸狭小都对自己不利。从小处来说，心胸狭小不利于建立和谐温情的家庭关系；不利于形成良好融洽的人际关系；不利于身体和心理的健康。从大处来说，心胸狭小会阻碍个人家庭地位、社会地位的提高，形成大量的内耗，阻碍种群的进步。

学习如何成为一个心胸开阔的人，都知道宽恕他人就是善待自己。站得更高一些，扩大自己的视野。当我们近距离盯住一块石头看的时候，它很大；当我们站在远处看这块石头时，它很小。当我们立在高山之巅再来看这块石头，已经找不到它的踪迹了。有了更宽广的视野，就会忽略生活当中的很多细节和小事。

开阔的心胸有利于你成为生活和事业的强者。嫉妒总是和弱者形影相随的，羸弱而不如人，便会生出嫉妒他人之心。自尊自强的人，是在用自己的努力和能力去证实和展示自己。内心强大的人，早晚有一天会长成参天大树。

学习正确的思维方式，学会宽容别人。和爱人发生不愉快时，多想想爱人日常对自己的照顾；和朋友发生不愉快时，多想想朋友平素对自己的帮助；和同事相处不愉快时，多想想自己有什么不对。看别人不顺眼时，多想想别人的长处。

设身处地替别人考虑，遇事情多为别人着想，多点关心和帮助给他人。加强个人修养，主动向身边优秀的人学习，善于取他人之长补自己之短，培养独立和健全的人格。另外，多参加健康有益的社会活动和文娱活动。

心胸开阔、性格开朗、潇洒大方、温文尔雅的人，让人感到阳光灿然的美；雍容大度、通情达理、内心安然、淡泊名利的人，让人感到成熟大气的美；明理豁达、宽宏大量、先人后己、乐于助人的人，让人感到祥和良善的美。正是这些美好的品质，从内而外浇铸出一个美丽的人。

人一生要遇到很多不顺的事。如果你遇事斤斤计较不能坦然面对，或抱怨或生气，最终受伤害的只有你自己。林黛玉最后"多愁多病"含恨离开人世，丫环小红追求到了自己想要的爱情。要知道，容易满足的人，才会更加幸福。如果你只关注着生活中不顺利的事，竭尽所有想将它们一一抹平，抓住不幸的衣角哭个不停，受伤害的只能是自己。萧伯纳说过："正像我们无权只享受财富而不创造财富一样，我们也无权只享受幸福而不创造幸福"。不要忙着计较不幸，还有很多创造幸福的工作正等着我们去做！

11 生活更简单，
　　快乐更容易

越来越多的人化繁为简，过着减法生活。所谓的减法生活就是把生活尽量简单化。因为不停地追逐，不断地索取已经让人喘不过气来了，是该抛下重负回归简单的时候了。

简单的生活，有两个方面的含义：一是我们可以利用简单的工具，完成我们的工作。另一个就是我们的生活态度应该简单一些，应该单纯一些，主要是对物质的要求简单一些。

这个世界本来就是复杂的，有人喜欢奢华而复杂的生活，而有的人却喜欢简单进而是返璞归真的生活。当人性中的浮躁逐渐被时间消解了的时候，人们似乎更喜欢过简单的生活。这是人类发展的一种必然趋势。

衣食住行一直是人们企图高度满足的四个方面，而现今，人们已经不仅对物质的要求变得简单，诸如住简单而舒适的房子，开着简单而环保的车……而且在处理工作的时候，也在追逐简单而实用的方式，用现代科技带给现代人的简单工具,"修改"着自己的工作和生活,出门带着智能手机,走到哪里就刷到哪里,背着薄薄的笔记本,走到哪里工作到哪里,甚至在厕所里也可以打开电脑处理一些日常工作……并从这些简单中得到无限的乐趣。

虽然简单的生活是每个人都盼望得到的,但是人们为了得到简单的生活,往往先要付出很大的代价。

这个代价首先体现在精神上或观念上。中国实行改革开放以来,有些人一夜暴富起来,但是这些富起来的人面对眼花缭乱的财富时,就有点手足失措了。于是,有些人竭力去追求奢华,似乎想把过去贫困时期的历史欠账一并找回来。社会学家对这一时期"奢华"的解释是:中国人过去的确太穷了,"暴吃一顿"也算是一种心理补偿吧。每个正在发达的社会都会经历这一阶段,就是暴发户被大量批发出来的阶段,也是一个失去了很多理性的阶段。到了今天,社会理性逐渐恢复,人们对生活和消费也逐渐变得理性起来。追求简单的生活方式,就是一些为了格调而放弃奢华的人的必然选择。这是社会的进步。

另一个代价就是人们在技术上的投入。为了满足人们日益追求简单生活的需求,那些抓住一切机会创造财富的人们都付出了极大的开发成本。如人们把电脑做得越来越小,这种薄小是需要付出较大的研发成本的。这也就是说,很多看起来简单的东西都是人们花费了很多心血研制出来的,是这些人的心血让我们的生活变得简单而便利。

节奏紧张的现代社会,各种各样的压力让人苦不堪言。像"我懒我快乐""人生得意须尽懒"等"新懒人"主张的出现,就一点不奇怪了。"新懒人主义"本着简洁的理念、率真的态度,从容面对生活,探究删繁就简、去芜存菁的生活与工作技巧。

国外有一本《懒人长寿》的畅销书上说，一个人要想获得健康、成就与长久的能力，就必须改变"不能懒惰"的想法，鉴于压力有害健康，应该鼓励人们放松、睡点懒觉、少吃一些等等。它的主要观点是："懒惰乃节省生命能量之本。"这不但是健康养生的观念，更是人们去追求的成功的理念。

"我懒我快乐"的懒人哲学，即使无力改变劳碌社会的不理智、不健康倾向，起码亮出了一份鲜明有个性的态度——懒人控制不了整个社会，但他却能控制自己的欲望。中国有个古人说得好："从静中观动物，向闲处看人忙，才得超尘脱俗的趣味；遇忙处会偷闲，处闹中能取静，便是安身立命的工夫。"

心情不好的时候，会找个无人的角落蹲坐着，或听听轻音乐，想着有人是在这些舒缓的音符里完成一次又一次的心灵旅程，想着曾万分沉沦的过往在记忆里一点点的褪去颜色……音符们不慌不忙地从耳边飞逝过，在脑中留下并不深刻的印迹，却历久弥新。生活，只能慢慢来，才能像这些轻快的音符一样，活出自己真正的味道来。

"懒人"的生活，让你在快节奏的工作之余，品味出生活的意义。当你渐渐长大以后，你会很羡慕你母亲结婚时的那套瓷器。那套瓷器放在玻璃橱里，只有擦灰时才拿出来。"总有一天这些都会成为你的。"母亲说。于是，在你的新婚的时候，母亲将那套精美的瓷器送给了你，但这时的你已不想要那些东西了，因为它们须得小心照料、擦拭才行。于是，你就把这瓷器转给你的朋友。她们得到后高兴极了，而你则省掉了一大堆活计。

有人把这故事告诉给了一个邻居，他说："你正好给我出了个好主意！"第二天，他拿了把铁锹，去挖房子前面的草地。这人简直不敢

第三章
心态好才是真的好

相信自己的眼睛："这些草你要挖掉吗？它们是多么难得，而你又花了多少心血啊！"

"是的，问题就在这里，"邻居说，"每年春天还要为它施肥、透气，夏天又得浇水、剪割，秋天又要再播种。这草地一年要花去我很长时间，谁会用得着呢？"现在，邻居把原先的草地变成了一片绿油油的山桃，春天里露出张张逗人爱的小脸。这山桃花不了多大的精力就能管理好，使他可以空出时间做些他真正乐意做的事情。

于是，有人得出这样的经验：把自己负责的事情分成许多容易做到的小事，然后，把其中一部分委托给别人。

去除那些对人是负担的东西，停止做那些已觉得无味的事情。这样我们就可以拥有更多的时间、更多的自由，在简单的生活中找到属于自己的快乐。

第四章
情商在线，爱情保险

　　一段感情的长度、质量、深度、甚至它能否善始善终，在很大程度上既不由外因决定，也不由单方的判断决定，甚至不由双方的意愿决定。人们常常感叹，曾经绚丽夺目的爱情，怎么说消失就消失了呢，难怪有人说爱情是脆弱的。其实，爱情在开始之时大多都是美好的，然而不管是近看一个人的一生，还是远看悠悠历史长河，寻找规律，主宰一段感情成败的，往往正是双方的情商。

铭鉴经典
受用一生的智慧课

01 最亲近的人，
　　包容你最糟糕的一面

　　今天的你不同于昨天的你，今天的他当然也不同于昨天的他，我们甚至"一次也不能踏进同一条河流"。爱情感性，更遵循这样的原则：与时俱进。如果你一成不变，非要让你爱的人做当初那个"最好的自己"，一天两天还行，时间长了，不把他累个半死，也会让你气出点儿毛病来。正所谓月有阴晴圆缺，如果你要求盛情不减，日日常圆，那就是你的不对了。

　　婚姻生活好比一张带着黑点的白纸，最遗憾的就是许多人在日常生活中都只看到白纸上的黑点，而忽略了黑点旁边更大的洁白空间。由于只看到对方的缺点，才使得自己陡生怨恨，郁郁寡欢。如果能不执著于黑点，多欣赏黑点后的白纸，就能豁然开朗，常保持愉快的好心情。

　　西方有句谚语："结婚前睁大你的双眼，结婚后闭上一只眼。"其实，婚姻与玉石相似，再完美我们也可以找出疵点。可说到底，在上

第四章
情商在线，爱情保险

帝如炬的目光审视下，我们谁敢大言不惭地说自己是"完美"的人呢？既然上帝不以完美来要求我们，人又凭什么以完美要求于自己的爱人呢？爱一个人，便意味着全身心地、无条件地接受并包容他的一切，包括他的坚强掩盖下的脆弱、诚实背后的虚伪、才华表象下的平庸、勤劳反面的懒惰，以及他在婚前不曾被发现的种种生活恶习。

大仲马曾说："要维持一个家庭的融洽，家庭里就必须要有默认的宽容和谅解。"萧伯纳也告诉我们："家是世界上唯一隐藏人类缺点与失败，而同时也蕴藏甜蜜之爱的地方。"柴米夫妻，食的是人间烟火，谁也不可能完美无缺，只要不是原则性的大问题，就不要太过较真，求全责备，而应该多体谅，多包容，这样彼此相处才会和谐，婚姻才得以延续。

所以，既然每个人不论多么优秀，都有其最糟糕的一面，而我们又有幸和自己心爱的人生活在一起，那么被最亲近的人包容最糟糕的一面，即使权利，也是义务。

观察你爱的人。

近看，你就站在1米之外，真切地、热烈地看着你爱的人。与他共唱一首关于梦想与浪漫的歌曲，看他的笑脸；与他作一次关于爱情与事业的长谈，看他的眼神；与他走过一段荆棘丛生的山坡，看他划破了双手，是不是还在护着你的身体；与他共涉一条不知深浅的小河，看他有没有牵着你的手臂。

中看，你要站到10米之外，默默地、静静地看。看他穿衣服的颜色，是新潮还是传统；看他读书的样子，是左右张望还是专注专一；看他的吃相，看他的醉态；看他受委屈后的样子，看他遇到困难时的神态；看他玩电脑上网的痴样，看他观察别人时的神态，是惊鸿一瞥还是盯着不放。要想了解你的爱情，就要了解你的爱人，了解他的变化与他的需求，同时也了解自己的变化与需求。

　　远看，你得站得离他百米之外，客观地、悄悄地看。最好是他看不到你，你却能观察到他。看他走路的姿态，看他抽烟的姿势，看他骑车的样子，看他遇到难处的解法；如果前面有危险，看他是不是会逃避；如果天上下着小雨，看他是不是马上躲避；身边来个盲人，看他会不会牵住人家的拐杖送他走过危险；路边放个钱包，看他会不会看看周围没人马上偷偷拾起。两个人在一起要互相支撑，正是这些小事，在向你指明支点。

　　不管怎么样，千万不要固执于一点去看待你爱的人，也要用这样的道理来规劝你爱的人，只要不伤及幸福的实质，互相支撑的爱情，才会让两个人越变越好。

第四章
情商在线，爱情保险

02 跟爱情
　　打个招呼

　　一个有吸引力的人，往往都很善于抓住机会，如果有自己喜欢的人在场，他们能够及时用有效的手段博得关注。

　　引起关注的方式多种多样，并非一定要高调张扬，对待不同的人要有不同的手段。对喜欢低调安静的人来说，用眼神和肢体的语言去调动对方的注意力能产生很好的效果。如果有条件，在行动之前要更多地观察那个让你有好感的人，贸然行动的话，如果运气不好可能就会有点尴尬了。既然有些人会被热情高调吸引，就有人喜欢安静内敛，在更多的时候，如果你遵照自己的本心去寻找，你自然会知道"那个人"更喜欢哪种风格。

　　如果没能顺利引起关注也不要灰心，爱情是值得你付出耐心的。如果你喜欢的人碰巧有些"木讷"，很难主动注意到别人，那么直接主动的方法可能更加适用。只要进退不要失了风度，没有必要过于介意可能会被拒绝，爱情也值得你付出勇气。认同"谁主动谁掉价"的看法不适用于爱情，如果持有这种态度相处，那么不管这段关系是否被赋予了什么专属名称，也只是场不成熟的博弈。

在一段关系开始的初级阶段，想要表达好感，一个人的眼神、微笑、肢体语言是最主动的传达方式，因为这些东西相对难以作假，其次才是语言。

如果你喜欢使用香水，这也是一个感性的传达，固定的香水会协助记忆，让一个人更容易记住另一个人。香水的使用一定要适度。

穿衣风格比较直观地体现着一个人的审美。衣物的作用是遮蔽和修饰，如果你善于运用衣物来彰显美丽、修饰不足，可以在交往的初期阶段加分不少。

善用装饰物也能有好效果。装饰物本身是可有可无的零件，如果它出现在你的身上，最好能让它有存在的意义，切忌喧宾夺主。出彩的装饰品会便于让人了解你，既能吸引注意力提高辨识度，也可以彰显你的财力，增加你的神秘感，或者能表达你的信仰。

每个人都有童心，一般而言，有童心的人都比较快乐。在交往的过程中偶尔显现的童心，会增进彼此的感情，让人感觉到"可爱"和"率真"。童心不必刻意营造，只要在它冒头的时候顺其自然即可。

真情的流露是爱情的加速剂。如果处于相对私密的场合，人们的状态相对放松，此时，不管是对于这段感情的体会和探求，还是有别于人前的大笑或泪水，都不会显得太过突兀，还能迅速拉近彼此心灵上的距离。当然，这是在感情有了一定基础之后才可进行的尝试，其源点是真实，其规则是适度。

一段感情的质量和韧性，取决于双方的价值观是否相符。就小处

第四章
情商在线，爱情保险

而言，对待家庭的态度、对待性的态度、如何定位两性关系，这些都是比较要紧的，需要试探着去了解的事情。早一些了解，就早一些调整，是对别人和对自己负责的态度。

正确的沟通方式，是情商高的直观体现。面对各种误会和冲突，在爱情中的人比处于别的关系中的人更方便沟通。当你感到受到伤害的时候，要用正确的方式跟对方沟通，客观地告诉对方你的感受，以及你为什么会有这样的感受，不要故意使用夸大的语言试图使别人内疚，更不要劈头盖脸地责骂或者用命令的语气说话。如果不清楚应该怎样说话才好，那就记住一个要点：你想别人用什么样的态度对你说话，你就那样对别人说话。

03 爱情宣言

女人像一种茶，是一种混杂着多种浓情和淡意的饮料，不仅解渴而且舒缓，入口微苦回味甘甜，它不仅是为男人所准备，更是为了女人自己。男人像咖啡，一种集合了众多味道的饮料，在生活深深的压力下却压榨出独特的品味，尝起来浓浓的苦，想起来淡淡的香，它不仅是为女人所准备，也是为了男人自己。

男人喜欢女人温柔体贴、有性吸引力、任劳任怨……女人同样也喜欢这样的男人，每一个人都喜欢伴侣具备这样的素质。在生活中努力修炼自己，给予对方想要的，换来自己想要的，这就是双赢的亲密关系。

人的欲望一向很多，对于爱情，对于所爱的人，到底都有些什么期待呢？身材、外貌、能力、家世、个性？就算都具备了，时间久了怕是还嫌不够。但一段关系真正开始变得亲密，则是始于感受到了彼此之间回荡的真情。

第四章
情商在线，爱情保险

当爱情只建立在单方面的需要和感受上时，便好像一个易碎的玻璃球，一经碰撞随即粉碎。相对的，不管是男人还是女人，单方面的摄取都会使爱情迅速致死。也许出于种种原因考虑，爱情死后依然保持着一个壳的形状，然而这个壳除了禁锢灵魂，承载痛苦，还有什么作用呢？论到爱情，一定是一种交互，没有交互的情感再激烈壮阔，也只能是添加了很多修饰词的另外一种感情。

去"真正爱一个人"的具体原则是：避免批评爱的动机；避免把这个人和别的人去做比较；避免做性别攻击；去了解他的能力，避免要求他付出超过他所能付出的；以及避免在关系出现问题时，总是不公平地把责任全推卸到一个人身上。

在与数百名男士畅谈他们理想的亲密关系后，搜集了以下的"男人宣言"：

男人希望及需要：

"当我提出她使我感到压力时，她能够欣然接受，而不指责我吹毛求疵或不爱她。我希望她能够依我们讨论的方法将彼此关系拉近。"

"她能承认自己也有自私的一面，我不是唯一以自我为中心的人，她自己对于爱情的付出也有限，甚至有时她只是利用我去满足她的要求；此外，我也不希望她潜意识里隐藏着一些对男人的刻板印象及负面感觉。"

"她知道沟通应该是双向的。当我们争执后能平静地讨论原因，我希望她知道我的激烈反应有部分受她影响所致。我不希望被指为是'有问题的一方'或'不懂如何爱人'。"

"她爱的是真正的我，而不是她幻想中完美的我。我不希望自己只是去满足她的浪漫幻想，因为我知道现实并非如此，结果可能会令她更失望。"

"她不会因我或我们的关系而牺牲她身边的其他事物；因为她这样做，会使我感到被迫付出多于我愿意付出的。换句话说，我希望我所爱的女孩能够了解：当我付出比她期望得少，不一定是我的错。"

"她能够容许我有自己的意见，不会认为我的意见不当，而强迫改变我。当碰到问题时，她能够与我并肩作战；当我们发生争执时，她能够视它为一种拉近彼此距离的沟通方法，而不会认为我提出问题是在找麻烦。"

"她不会过分要求我超越自己的能力去令她快乐。我也不希望她改变自己来迎合我，并希望我为她的牺牲负责，她不要只告诉我对我们的关系有任何不满，而是要提出一些如何改善的方法。我不希望老是得猜测她的想法，现在她是否不高兴？当问题出现时，被告知它的存在是不够的；我更希望她与我一同解决问题。"

"我也许是比较自我的人，但我不希望我的动机被误会；更不希望当我有什么做得不恰当时，就被认为是不重视这份感情。"

"她能够给予我所希望得到的；而不是她希望我得到的东西。""她不会过分高估或低估我，我只是一个普通人——有优点亦有缺点，我跟她一样也有脆弱的一面。"

相信当女人们看到这则宣言的时候，都会会心一笑。是啊，男人提到的这些，涉及到理解与尊重、体贴与宽容，这也正是女人所需要的，正是维持婚姻生活中不偏不倚、不厚此薄彼的保障，由任何一方单独提出要求而自己不先做到，都是不负责任的妄谈。给予他们想要的，换来我们想要的，通过双方共同的努力、彼此互相的支持，才有可能修成的"正果"。

生活中，时时提醒自己，也提醒自己爱的人，善解人意是爱情的润滑剂，互相尊重是爱情的粘合剂，感恩之心是爱情的修复剂，就这样修修补补，它看上去并不完美，但这就是爱情最真实最亲切的模样。

04 长久的爱情
　　需要讲技巧

爱情是厚重、珍贵、可遇而不可求的情感，爱情让人激动、倾慕、依恋，更带来很多的温暖，因此人们大多希望能长久地拥有这份情感，携手走过生命的旅程。但很多时候，有幸拥有的人不仅仅要为得到这份情缘而欣喜，更重要的是还需学会守护爱情的技巧。

（1）爱人就是爱人

只要去爱，不要拿来比较，不要老说别人如何如何好，别人的外貌和能力再出色，和你一点儿关系也没有，绝对不要这样去伤害你最亲密的人。这种话语自私幼稚又冷酷，要知道对每一个人来说，赞赏和鼓励都比辱骂更有力量。在家庭生活中，面对的都是我们至亲至爱的人，不管是面对你的孩子还是爱人，爱中一定要有尊重！再生气也不可以出口伤人，言语的伤口有时是会一生都在流血的。身体的伤害可以治愈，精神的伤害后果是可怕的。

第四章
情商在线，爱情保险

（2）不要对爱情患得患失

爱人的时候不要带着恐惧，在一起的时候就放心去爱，做到哪怕失去了也没留有遗憾。在爱情中患得患失的人要知道，爱情并不会因为你的担心就能晚走一天，反倒可能会因为你畏首畏尾的样子而早走几年。感情还在不在、浓度的高低，只要用心去体会就品味出来了。当你感到感情逐渐失温，与其去试探、纠缠、做无谓的挣扎，倒不如干点实事，试着回想这段感情的起承转合，积极做出调整，看看还能否给它升温。

（3）发脾气的人都很丑

工作中已有许多压力，回到家就是放松的地方，谁也没有义务回家后还陪着笑脸殷勤伺候，还要小心翼翼避免踩雷。每个人都有自己的生活习惯，也有自己的判断标准，有些小事，例如地板到底该不该一天一擦、进门是不是必须先洗袜子、刷完碗以后到底怎样才算是擦干了……这些事情能达成一致是最好，达不成也无需强求。如果你一定要对方按照你说的去做而遭到拒绝，你会怎么应对呢？如果你能调整自己的标准，那么很好。如果你愿意代劳，那么也很好啊。只是千万不要一边做一边指责，要记得，这只是你自己的标准。宽容是做人和对待婚姻应有的态度。

（4）要适度表现你的体贴和柔情

沉浸在爱恋中的人们经常不由自主地用脉脉含情的目光注视着自己的心上人，万般柔情爱意皆在不言中。这是感情中的华彩，不经意间表现出的动情和专注无疑会令爱人心动，而细腻体贴的人总是把对方无意中透露出来的嗜好或兴趣悄悄记于心底，然后在适当的时候，一件小小的礼物，一声温暖的问候，都可能换来他对你更亲密的感觉和更深的牵挂。

你对爱人细心的关怀，当然会使他敏感地体会到你的真情，并对你产生好感，但是这种关怀一定要把握好"度"，任何事情都是过犹不及。更加要强调的是，千万不要以为关怀和体贴就一定能换来对方的等量回报，如果做之前就已经怀了这样的心思，反倒不如什么也不做，对彼此都更轻松。

（5）适时地创造空间

泰戈尔说："我给你爱的阳光，同时给你光辉灿烂的自由。"这无疑是一种境界，在爱情和生活中都绝对适用。相爱的人再亲密，也需要空间上的留白。有话说"小别胜新婚"，短暂的留白是感情的蓄力，是如影随形的思念，也是给冲突降温的缓冲地带。要想收获长久的爱情，留白的时机与长度，值得每个人仔细琢磨。

（6）家人是最重要的

职场中人必须要对工作负责，要有职业道德，要从工作中得到乐趣，获取自我价值，但不要做工作的奴隶。对普通人来说，工作是为了更快乐地和家人在一起，享受生活，享受家庭成员间珍贵的爱。不要为了工作冷落了你的家人，你的工作需要家人的支持，及时有效的沟通和诚恳尊重的态度是解决矛盾的关键。

（7）爱人的父母就是自己的父母

将心比心，爱屋及乌，老吾老以及人之老，只要内心深处真正感到这就是自己的父母，心理上对老人依恋亲密，老人会感受到这份真心的。在茫茫人海中寻觅到自己的最爱，真的不易，而重要的是要积极寻找保持爱情不老的动力。所以，依托着生命中的真善美，掌握守护爱情的技巧，握紧真爱的手，一起将爱进行到底。

05 择偶误区

大多数人都向往着找到一位满意的伴侣，长相厮守，能够让自己从此过上幸福、无忧的生活。

提到了这点，相信很多人的择偶标准都存在一个误区，那就是把眼前的物质基础抬到了一个绝对高度，更直白点儿说，就是必须"眼见着混得不错"才能入围。在有些地方，会要求房车俱备，备足"彩礼"才算是有了结婚的前提。

这绝对是个很大的误区，不妨认真思考一下，结婚是两个人的事情，日子是要两个人单过，人一生中能陪伴自己最长久的不是你的父母和孩子，而是你的爱人！拿不出那么多钱的人怎么办呢？除了跟家里伸手，还能怎么办呢？你明明有权利坚持结婚既不是买卖也不是两个家族的结合，为什么偏偏要在结婚之前就给自己挖坑呢？不要再说是家里要求的，你也没有办法了，现在是公元2018年，这里是中国，除了你自己，没有人能替你做决定！当然了，对于认可"没有钱的人就不值得我爱"的人来说，也就没什么可奇怪的了。

相信对于大多数正准备步入婚姻的年轻人来说，买车买房都是沉重的负担，可是把握住现在有的，和爱人一起去创造现在还没有的，这不正是组成家庭的意义吗？看看自己，年轻气盛，爱人在畔，到底有什么可怕的呢？

当你把择偶的标准局限于"今天就能拿出来多少钱"或者"今天就能从家里拿出来多少钱"的时候，这是对未来的恐惧、对自己能力的贬低、对爱情的不信任，这也有损于一个人的人格与独立性。

所以，现在有头脑、明事理的人，不会将自己置于那样被动的境地，压榨与攀附都绝对不是幸福婚姻的前提。更明智的抉择就是着眼于人本身，是对伴侣性格的肯定和价值观的认可，是对未来创造财富的能力的期许。

有能力的年轻人，上升的空间大，对于建立婚姻的基础相对来说是比较平等的。可以说，在上升阶段相爱或者结婚的夫妻，将是终身都不会忘记的伴侣。一路走来，两个人创造的也不仅是财富，收获的也不仅是爱情，学到的也不止是尊重。

孰轻孰重，还是要自己考虑清楚。当然，并不指望这几句话、几行字，就能改变一个人对待婚姻的看法，更不能改变一个人的价值判定，但是如果有可能，真的希望打算走进婚姻的人们能够慎重考虑以上观点。

选择伴侣的时候，以下几点可供参考：

首先，就是看人品。何谓人品呢？待人处世的风格；价值观是否相符；社会道德的遵守等。

其次，要给自己树立正确的观念：选伴侣要选未来不是选过去。

现在还没有成功不表示就没有能力，我选择的是他的将来，是我们结婚以后，他使我开心幸福的概率。

再次，就是要观察这个人的能力。能力是其将来发展情况的预测，拥有较强能力的人，往往在将来能够升值进而有大发展。

最后，也是决定这段亲密关系是否需要发展成婚姻关系的关键，就是双方就婚姻及家庭的态度，进行充分的沟通及意见交换。

结婚是一种契约行为，缔约就会有缔约的风险，社会是发展变化的，择偶标准也是一样。婚姻是一个长期投资，先看自己，再看对方，找准彼此的位置，探讨婚姻的目的。想要婚姻持久，目光一定也要放长远。

06 信任源自了解

不要对自己不了解的人轻易付出感情，如果一个人让你比较有感觉，在开始掏心掏肺之前，不妨先试着去了解这个人。

当然，这并不是说让你去刨根问底、追查隐私。观察者，不露声色为佳。

你喜欢这个人吗？

他和周围的同事关系怎么样呢？

他是否有能力处理好职场中不远不近的关系呢？当职场中出现利益冲突的时候他怎样应对呢？

他的朋友们怎样评价这个人呢？

朋友们大多能看到这个人的优点，是夸"讲义气"呢，还是夸"有思想"呢？而且"损友"指出的缺点往往也很真实。

他跟原生家庭的关系好不好呢？

原生家庭带给人的影响实在太深远了，很多棘手的问题都可以在原生家庭找到根源，如果你打算要认真去爱一个人，了解他和家人的关系是很重要的。

他怎样对待他讨厌的人呢？

谁都知道，喜欢那些喜欢我们的人，并不难。看一个人对待自己讨厌的人态度有多恶劣，可以让你窥见到这个人的真实素养。

最后，他对待你的态度怎么样呢？

如果有机会对一个人进行上述了解，相信你心里会有一个大概的答案。

07 当女人选择结婚时

女人主动选择走进婚姻关系，大抵是感到遇见了"对的人"，然而判断失误的情况也时有发生，挑选到一个真正合适的人结婚是需要学问的。

男人就像一辆车，你不仅要会开，还得会修；女孩就像一杯茶，你不但要会喝，还得会品。能找一个有品位的懂得欣赏自己的男人走进婚姻生活会是一个幸福的开始。两人相爱，只要彼此之间相互爱慕、相处融洽，外人是没有权利发言的。你如果遇到了心仪的人，愿意对其付出信任缔结一生之约，那么你就会为了这个人而做出改变——从未下过厨房的人也能学会做拿手的好菜了，野蛮女友也变得善解人意了，大手大脚花钱的人也会开始勤俭持家，不修边幅的人也开始注重仪表了……所以，相爱可以成就两个人，准备走进婚姻关系的人，应当对彼此的适应性有足够的了解。

但是，如果你不是公主，就不要幻想王子会爱上你。至少要先把自己变成又美丽又勇敢，闪闪发亮的公主，确保即使使遇不到王子依然可以施展自己的才情和抱负，过得痛快自在——也只有这样，当王子出现时才有可能让童话照进现实。结婚不是买彩票，踏踏实实地、目标明确地依照自己真正想要的去做出选择，不要把婚姻当做工具。

不要用单一条件去衡量自己的丈夫，幸福往往没有固定的形式。爱情的确需要有经济做基础，但是如果你的丈夫肯为你步行几条街买你爱吃的小吃，在你熟睡后才抽出已经被压得发麻的手臂，做一手好吃的饭菜，每天早上叫你起床……那么不要怀疑，这段婚姻很幸福了，值得感恩。

避开温柔的陷阱，教你几招识别优秀男人的办法。

（1）可靠的男人意志坚强

那些失败了就怨天尤人、萎靡不振、整日买醉、破罐子破摔还要对身边的人横加指责的男人坚决不能要。每个人都要经历失败，婚姻中的两个人，一人跌倒了就由另一人搀扶起来，如此，生活才可以继续。如果这个人跌倒了就耍赖不起来，那他还没有做好结婚的准备。

（2）忠诚

忠诚在家庭生活中是很重要的。一个人如果对家庭不忠诚，认为"别的地方"或者"别的人"比自己的家庭和爱人更重要，那么这样的人也不适宜结婚。

（3）要有气度

一个把你管得像自己孩子的男人，那一定不是爱你，是自私地占有。因为一点点小事就吃醋，不论你是与上司出去应酬，还是与多年不见的朋友聚会，在你回家后百般盘问或者阴沉着脸半天不搭理你的人，不可爱，也不值得与之结婚。

（4）积极锻炼

身体健康是婚姻生活幸福的基础。婚姻是两个人的事情，积极锻炼，尽量让自己拥有良好的体魄，既是爱自己的表现也是对伴侣负责。如果条件允许，两个人一起锻炼也能增进感情。

（5）没有主见的男人不要

一个动不动就把"我妈说"这几个字放在嘴边的男人你敢要吗？你会不知道是在和他生活还是在和婆婆生活。孝顺固然是一种良好的品德，但是宠爱婆婆是公公的责任，妻子才是一个家庭单位中唯一的女主人。夫妻之间的事都要征求老妈的意见，像个未成年的孩子没有自己的主见，这样的男人坚决不能要。记住，结婚过日子不是一件很容易的事情，你考虑结婚的对象应该是个身心都已经成熟了的人。

（6）爱屋及乌

一个人如果真的爱你，就会包容你的一切，包括你的朋友、你的家人以及你的坏习惯……如果他经常对你的朋友或家人抱怨连天，百般挑剔，那么如果你就要认真考虑，他说的是否是有道理的。和他一起探讨有什么办法改善关系或者避免冲突，以及思考如果你对他提出类似的意见，他是否也会尊重你的感受采取行动；但是如果他苛求到要求你与他们断绝来往，与这样的人结婚的风险就比较大了。

（7）有一份稳定的收入

你的他不一定要家境殷实，但是最好要有一份稳定的收入，基本的生活要有保障。如果一个家庭连孩子的奶粉钱都拿不出来，这个月初就开始担心下个月的供房款，那么生活便没有安全感。如果是职业比较特殊或者暂时遇到困境，那么也要有看得到的努力和行动，来为家庭争取到多一份的收入。

（8）有能力解决问题

一个浑身散发着自信的男人，有着很强的解决问题的能力，有这样的人在身边，你要操心的事情就少了许多。

（9）注意仪表

不一定要求他英俊潇洒，但至少看上去干净利落，不至于"影响市容"。跟一个不注意个人卫生的人如何长期在一起生活呢？既不注意清洁自己又不尊重你的感受的人，没有办法在一起过日子。

（10）无不良嗜好

烟可以抽一点，酒可以喝一点，但都不能太过。有谁会愿意天天回家面对一个醉醺醺的、嘴里还不时散发着一股浓浓的烟臭味的人呢？至于嗜赌成性、甚至沾染更加麻烦的恶习的人，就不要留恋了。

（11）有社交能力

不一定要活跃到见人就搭讪、见人就握手的地步，也不需要他在社交方面有多么强硬的手腕，但一起出去应酬时，至少能够自然地与你的同事交谈，即使你分身乏术，他也能照顾好自己，不要让人以为你带了个"大宝宝"。

（12）有保护你的勇气

你在外面受到欺负时，他能够挺身而出，毫不犹豫地为你出头，真真切切地保护你。在你为生活的压力挣扎的时，他能勇敢地站住来为你扯出一片喘息的空间。

（13）有责任心

一定要有责任心，自己做的事要敢于承担。那种一旦有事就往别人身上推的人不但卑鄙而且可耻，绝对不要和这样的人结婚。

（14）有一颗平和的心

这个世界已经习惯以一个男人事业上的成功来衡量他的价值。事实上，相对于事业有成而言，一个人的价值更在于他的存在对别人是否重要。即使那个人不能在事业上取得辉煌的成就，但是他的平凡生活对他身边的人来说很重要。这就可以说明这个人活得很有价值。

如果一个人不能以一颗平和的心去看待自己的得失，整天愤世嫉俗，怪社会不公、怨生活不平，那么你和他在一起也会影响你的心态，容易偏激，给你的心理造成巨大的压力，导致你今后生活的不快乐。

说一个男人优秀，只要你看他优秀就好，并不需要"大众评委"。"优秀"对于每个人来说都有不同的理解，这正如选鞋子一样，合不合适只有自己知道。要懂得选一个适合自己的男人去喜欢，一定要找一个让自己欣赏和认同的男人做伴侣，至于你身边七大姑八大姨的意见，如果你的素养够高，能做到笑而不语就好。

第四章
情商在线，爱情保险

08 在爱情里
　　留出个人空间

　　爱一个人，无论有多深、多厚、多广，都不要丢失了自己，并且这种爱必须建立在平等的基础上，你可以奉献但决不能跪着去爱一个人，爱中间一定要包涵着自身的尊严，正像《简·爱》中的简那样不亢不卑。形体的依恋是有限的，只有建立在人格平等基础上的真爱才能走得更久远。

　　爱的程度难以量化。对热恋中的人来说，把八分的爱和热情给对方，留二分来爱自己，一旦对方离开，你还能从对方越走越远的朦胧背影中回头，你还有重新爱自己的能力和勇气。如果把十分的爱全给了对方，在爱中丧失了自己，那一旦对方变心了，你会措手不及，他的背影甚至眼神就可能会把你击倒，会让你疼痛得直不起腰，无法将自己从深陷的往事中拔出来。没有自己、不留任何余地的爱是可怕的，具有毁灭性和颠覆性，很容易酝酿出悲剧来。当然，这也是不值得的。你犯不着为一段不值得的爱搭上生命。在这个世界，对你来说没有什么是比你的生命更重要的，没有了生命，爱如何依附、如何成立？所以，你千万不能把爱全部投注在对方的身上，想想怎么能把生命的赌注全部押到他人身上去指望他人呢？多么虚妄。

一定要记得，至少，至少也要留出二分给自己的爱，要为自己留出个人的空间：那里保存着你的尊严和价值，道德底线和生命保险。因为这个二分的存在而让对方觉得仍有深入和进步的可能。同时，付出八分的爱也不会让对方觉得太累。

第四章
情商在线，爱情保险

09 徜徉爱河，
不要迷失自己

不要追求"飞蛾扑火"式的爱情，用自己的全部来爱一个人，不计任何后果，这样做一旦受到伤害往往难以承受。随着岁月的磨砺，你的爱情观念会更加成熟，也自然会明白爱一个人不能爱得太深的道理。

喝酒的时候我们都有这样的体验：喝到五六分醉的时候，身上的每一块肌肉都可以得到松弛，脑中的每一个细胞都可以变得很柔软，眼中看到的一切都是很可爱的，而耳朵听到的一切也都会是非常扣人心弦的，甚至，或许是因为喉咙开了的缘故，连歌也可以唱得特别的好。

但是，如果已经到了五六分醉还继续喝，或许以上情形还是可以持续保有，但是因为每个人的体质不同，或者酒的种类不同，就会有许多随之而来的后遗症，如：肠胃无法负荷的呕吐、酒精过量带来的晕眩感、隔天醒来头疼欲裂，全身不舒服的宿醉感觉……这就丧失了饮酒的乐趣。

吃饭的时候，六七分饱的满足感总是最舒服的。

吃到六七分饱的时候，齿颊味蕾还留着美味食物的香味，之后再加上餐后的饭后甜点、水果、咖啡或茶等等，保持身材和身体健康绝对足够。

但是，如果已经到了六七分饱还继续吃，或许以上情形还是可以持续保有，但是因为每个人的体质不同，或者吃的东西不同，就会有许多随之而来的后遗症，如：肠胃不适而勤跑洗手间、过于饱胀而引起了恶心、无法享用餐后甜点、吃得太饱会想睡觉……这就丧失了吃饭的乐趣。

爱一个人的时候也是一样，爱到八分绝对刚刚好。爱到八分的时候，思念的酸楚只会有八分，独占的自私只会有八分，等待的煎熬会只有八分，期待和希望也会只有八分；剩下二分则要用来爱自己。

但是，如果已经爱到了八分还继续爱得更多，或者以上情形还是可以持续保有，但是因为每个人的性格不同，或者爱的方式不同，也会有许多随之而来的后遗症，如：爱到忘了自己、给对方造成沉重的压力、双方没有喘息的空间、过度期望后的失落……这就丧失了爱情的乐趣。

所以，饮酒不该醉超过六分，吃饭不该饱超过七分，迷恋一个人也不该超过八分。

爱情应该保持怎样的温度和距离，双方才能如沐春风呢？以下10条请酌情参考：

（1）永远不不要纠缠。

（2）不要没事就打电话，没有人喜欢喋喋不休。

（3）一颗平常心。很少有人一生只爱一次，大多数的恋爱还是以分手告终的，要以平常心看待欢聚与别离。没有了谁，日子还得往下

第四章
情商在线，爱情保险

过。好聚好散，千万别一哭二闹三上吊，这只会使自己变得很可怜。

（4）迁就太多就成了懦弱。谁也不欠谁的，爱他是他的福气。在恋爱中两个人都是主角，要有自己的主见，懂得适当拒绝。

（5）尽量不要在经济上有纠葛。金钱是个敏感的话题，恋爱男女一涉及现实利益马上翻脸的例子不在少数。感情归感情，金钱归金钱，还是应该泾渭分明，免得赔了夫人又折兵。

（6）不要逼婚。太爱一个人就会想要天长地久，这时候，觉得世俗的婚姻似乎可以给"长久"提供多一层保障。所以就开始一个劲儿地在对方面前提钻戒啊买房啊，把结婚的渴望明明白白地挂在脸上。如果对方想结婚不用你暗示也会去买戒指，反之，你的迫切会吓跑他。

（7）不要用孩子捆绑婚姻。单身妈妈现在有很多，她们都有一定的经济能力和心理承受能力。可是如果想用孩子来捆绑婚姻的话就太不明智了，你不能让对方对你负责，也不能维持已经破裂的关系，却要用一个生命去捆绑一个家庭，这不是自找麻烦吗？

（8）不要天天厮守。想让爱情寿命长一点儿就要保持一个适当的距离。至少要有适当的留白，就算是为了感情的升华留出空间吧。

（9）对方永远只是一部分。三毛曾经说：我的心有很多房间，荷西也只是进来坐一坐。要有自己的社交圈子，别一谈恋爱就原地蒸发，和所有的朋友都断了往来，这只会让你的生活空间越来越狭窄。

（10）少吃飞醋。谁的过去也不可能是一张白纸，同时自己也没必要把自己过去一五一十地交代清楚。每个人都有自己的交际圈，如果感到缺乏信心就去想办法给感情加码，不要吃没用的飞醋。

要拿捏好爱的分寸，过犹不及，至少要做到不为爱情迷失了自己，做到这一点，你才能拥有真正的爱情。

10 汝之蜜糖，
彼之砒霜

有句话说，"世上两件事最难：一是把别人口袋里的钱放进自己的兜里，二是把自己的思想放进别人的脑子里。"

情商高的人绝对不会做的事情之一，就是强迫别人接受自己的观点。不管你的出发点是多么的"为了你好"，也不管你如何认为真理就攥在自己的手里。每个人都有权利按照自己认同的方式去做事，如果这妨碍到你，你可以与之商量；如果对方不听不动，你可以试着接受；如果实在接受不了，你可以离开。

如果是面对着路人、同事或者普通的朋友，相信每个人都有这种"不能强加于人"的自知之明，关系越疏远，这种认知就越清晰。但是，面对着自己最亲近的人，那可就完全不是一回事儿了。因为利益相关，因为爱之深切，很多人都会出于善意的出发点强行要求别人接受自己的观念，或者按照自己的指示去做，并夹带着"我这都是为了你好"

第四章
情商在线，爱情保险

或者"别人我才懒得管呢！"这类的话语。

当我们说出这样的话，相信说的人和听的人心里都明白，这样的"强加"或"劝告"绝大多数确实都是出于善意。但越是这样，说话的语气就越是要柔和，这一点往往被忽略了。在生活中，如果特意去强调的是一件彼此都知道的事情，那么说话的方式绝对比说的内容要重要。带着某种优越感的，命令式的强调善意，那还不如什么都不说。

只要不涉及原则问题（也要分是通用原则还是某个人的原则），且不说很多事情本就无所谓对错，仅依据你自己的喜好和判断去要求伴侣接纳，是情商缺欠。即使要说的事情确实是你占理，而且比较紧急，如果你不想让对方堆积抵触情绪，声音也应该低一些、话也应该说得好听一些、理所当然的态度请尽量收敛一些。

还有，如果对方没有听取你智慧的劝告，后来果然付出了代价或者蒙受了损失，这个时候类似于"我早就告诉过你""谁叫你不听我的"甚至于"活该！让你长记性"这类的垃圾话也要控制住，如果你的情商够高，能不说出来最好，如果实在不吐不快，也应当尽量少说。这种多余的话既不能解决问题、提供帮助，也不能安慰爱人，其实，也完全不能拔高你自己。如果在说这种话的时候，再配上不当的表情，这副"嘴脸"可能真的会像一根刺一样扎到心里，即使不特意去回想，也久久难以忘怀……为了图一时的痛快，消耗的可是珍贵的感情。

这种有规律可循的、模式固定的、负面作用强大的说话方式，如果不刻意去加以控制，它们一有机会就会冒出来。为什么会这样呢？回想我们成长的过程，我们最亲密的人可能就习惯性地对我们说出这样的话来，这种强烈的情绪刺激对应着：命令——反抗——受挫——羞辱的完整体验就如烧红的烙铁一般被按在我们的记忆中、父辈的记忆中、祖辈的记忆中……这种被羞辱时的愤怒无法得到释放，当我们自己组建起一个家庭的时候，就会下意识地按照"补偿心理"行事，在亲密关系中找机会做"命令"的发布者，并以"羞辱惩罚"结束。

究其根源，这确实是一种出自善意的，指导别人避免犯错的行为模式，并以使人感到痛苦的方式去加深对方的记忆，以便日后更顺利地进行"指导"。但是第一，你的经验和判断并不具备"唯一性"，可能这样做也没有错，那样做也行得通，但是这种指导阻碍探索不同的可能性，扼杀创造力；第二，你的经验和判断也不具备"绝对性"，有时适用有时不适用，但是人会忽视那些经验判断无效的事例，只关注自己愿意接收的信息；第三，每个人都有走弯路的权利，即使会付出代价也愿意去亲自尝试，何况随着科技和社会的进步，一件不可能的事情在某个节点变为可能，需要的恰恰就是避开经验之谈，勇于尝试。

希望以简单的"命令——服从"来固守自己认定的"正确"是可悲的，也是可怕的。如果你也在这样的环境中成长，那么就从现在开始，面对你最亲最近的爱人和孩子，收起你的"蜜糖"，不再使用这种原始粗暴的、拉低情商的方式去"爱"，切断这种弊大于利代代传承。

第四章
情商在线，爱情保险

11 红颜知己——
一种亲切的疏离

"红颜知己"，这是一个让许多男人产生无限遐想的概念。美丽出众才可称之"红颜"，而善解人意才算得上是"知己"。古往今来，这四个字不知蕴涵了多少美丽的爱情故事：才子佳人的红袖添香，英雄美女的生死相随，痴心儿女的两情相悦……即使不能长相厮守，也是魂牵梦绕；即使爱到心碎，也是无怨无悔；即使无名无分，也是心甘情愿。

一个红颜知己，比花解语，比玉生香，是古往今来为数不多的，男性肯给予女性的真心赞美。而对于女人来说，她们在渴望可以拥有"蓝颜知己"的同时，也有机会成为某人的红颜知己。这是在两性关系中让双方都感到舒适的定位，是对异性的肯定和认同。

所谓知己，也就是知心的朋友，知心朋友之间的交往是有来有往的，是无需作假的，是"有距离的亲密感"。所谓带颜色的知己，也就是附带了性别吸引力的知心朋友。

这种男女之间的情感比友谊多一些，比爱情少一些，精神上多一些，肉体上少一些，是在妻子、情人、朋友之外的"第四种感情"。

有人是这样界定"红颜知己"的："做红颜知己最重要的是掌握分寸。有着适可而止的关照，但并非深情，没有为爱沦陷的风险，也没有更进一步的冲动，这是两人能相安无事继续暧昧的前提……红颜知己往往双商都高，她们心底里最明白：自己需要什么，自己喜欢怎样做，自己愿意做到哪一步，以及对方是个什么样的人……"

在男女之间到底有没有纯洁的友谊呢？这个问题曾引起过很大的争论，人们各执一词，谁也不能说服谁。没有纯洁的友谊，也许就有着不纯洁的友谊，于是便派生出了"红颜""蓝颜"这样的说法，友谊被抹上了几分暧昧的颜色，既可以坦坦荡荡地说只是朋友，又可以在人前人后，交换着会心的眼神。

是否应该保留着这样的知己，或者说，一个人需要多少个这样的知己，每个人都有自己的看法。

现代女性的生活已经日渐充实了，只要女人愿意，在各个领域投入关注和热情都会让她们取得成就。仅对感情的态度和情感生活的方式，就有很多种选择。结婚生子可以过得安稳，丁克家庭可以过得洒脱，单亲妈妈可以过得充实，独自一人可以过得专注。家庭生活只是生活中的一个局部，婚姻生活只是选择之一，按照自己的心愿做出自主的选择，不管怎样安排，都不影响你享受最适合自己的精彩生活。

异性知己的身份很灵活，它不会是谁生命中的不可或缺，也就不需要承担过多的义务和责任。但是异性知己能给生活中增添惊喜和情趣，身为红颜知己，可以在支持别人的同时愉悦自己，拥有蓝颜知己，也可以多个渠道来缓解压力换得一身轻松。

第四章
情商在线，爱情保险

当然，有些人会认为异性知己是对爱情的潜在威胁，在道德上或者在感情上难以接受，这样想、这样做当然也没有问题。但是将爱情置于真空中，使其面对诱惑时不具备任何免疫力，这样的保护需要有更多的"后招"来接续。

红颜知己所拥有的很少：她与妻子不同，妻子至少从法律上拥有对丈夫的"所有权"，按照婚姻契约的规定，夫妻财产合二为一，夫妻的性生活有"专属"的属性；她也与情人不同，情人已经越过了友谊的上限，不管是否有更进一步成为专属的意愿，在行为上或多或少已经打破了"专属"。

红颜知己要求的更少：对把自己认定为"知己"的男人，她没有任何物质需求，她自己的生活本身可能就是多姿多彩，遇到任何困难，她会首先求助于自己、自己的家人、男友、老公；她也不会对他有情欲上的需求，既然选择了做知己，说明她们没想要做情人。

红颜知己没有任何负担：她的身份就是一个游离的角色。男人看着自己的红颜知己，好感嘛，有；渴慕呢，可能也有；但是她并无意介入"专属"之争。她不需要像妻子一样随叫随到，也不会像情人一样有哭有闹。

身为红颜知己，在她心情好的时候，她可以是一个聪慧的、绝佳的倾听者。她的温言软语、兰心慧质，有可能做他烦恼时的一棵救命稻草。在她心情不好的时候，她只是一个与你无关的美女。

说到底，一个女人如果愿意成为谁的"红颜知己"，那么跟这个人有没有钱，是否单身，甚至颜值高低都没有必然关系，能起决定性作用的也许只是这个人让她感到"有趣"。

千万不要傻到对自己的"红颜"或者"蓝颜"怀有不切实际的期

133

待，能否准确判断自己在他人心中的分量，不仅是情商高低的主要表现之一，有时候与智商也不无干系。如果你是别人的红颜或者拥有自己的蓝颜，那么享受这份超然的感情，与此同时，谨记多些真诚，少些套路。

第四章
情商在线,爱情保险

12 懂得爱,
也要懂得被爱

爱,人类语言中最神圣的词汇,没有爱的滋润,这个世界就是一片死气沉沉。爱是一生的温暖,爱是永久的幸福,洋溢在脸上,铭刻在心底,因为心中有爱,再多的艰难困苦也甘之如饴。美丽出众的人,时时散发着吸引力,身边充盈着更多的爱意。再华丽的人生,没有爱的点缀,也只会是一地清冷月光。

每一种爱都散发着光芒,极重的黑暗也难遮盖住爱的光芒。在很多种爱的形式里,"爱情"特有所指,被人们所歌颂。人在爱情里享受甜蜜,在被爱中收获幸福,而不会爱的人,却常在爱情里煎熬,在患得患失中挣扎。爱是生活里最重要的原料,只有精心调配爱,才能创造出美好的生活,应对世事无常却依旧在一起。

爱是这世上最奇妙的东西,似乎与生俱来,但同样也需要后天不断地学习改善,因此学会爱与被爱,是所有人一生的必修课。

凡尘中人，挣不脱爱恨纠缠的情网，逃不过爱与被爱的漩涡，最聪明的做法就是幸福地享受爱，平静地放弃爱，成全别人也成全自己。

爱情是强烈、细腻、又敏感的感情，容不下虚假和欺骗，骗的了别人也骗不了自己。付出越多，下意识地就会期望得到同等的回应，可是爱情这样感性的存在，不能要求它可以等价交换，这就注定了有人要为爱受到伤害。

在不会爱的人那里，爱有时也会变成一把双刃剑，它锋利的刃口既可能伤了别人也伤害自己。刹那间的激情燃烧，如天边划过的美丽焰火，在天空留下道道伤痕，瞬间绚烂，而后灰飞烟灭。

要知道，一个正好值得你爱的人并不是很容易找到的，茫茫人海中，谁才是那个"对的人"？去哪儿找到一生最爱的人？如果能遇到一个人喜欢的人，即使不能判断这就是那个"对的人"，聪明的你也一定要很小心地去呵护这份爱，或许会有烦恼，或许会有阻碍，或许会有怀疑，或许会有失落，这些都在所难免，但这些都不是你放弃去爱的理由。因为渐渐就会发现，这一生中能遇到的让自己喜欢的人，真的不会太多。

懂得爱的人，就会懂得珍惜，不让自己和对方在爱中受伤。情感的伤害很难愈合，就算伤口结了痂，也会留下一个醒目的伤疤，时刻提醒着曾经的悲伤心痛。

如果你不喜欢这个人，那就不要轻易准许靠近，千万不要因为寂寞去和一个自己不喜欢的人交往。人生太辛苦，别给自己"下套"。面对着一个你并不喜欢的人，不要浪费你的时间和情绪，也请设身处地多替别人着想，如果明明就知道不行，就不要给人希望；如果运气好，遇到你喜欢的人，可要抓紧机会好好珍惜了，不要隐藏自己的感

第四章
情商在线，爱情保险

情，爱一个人就是要让他感到你的爱，至于他接下去会怎么选择，你自己将来会不会依旧喜欢，谁又能说得好呢？那是之后的事！

你所爱的人并不一定爱你，这可不是什么稀奇事。爱你的人又不一定会是你所爱的，也很常见。追求一个不爱自己的人和拒绝一个自己不爱的人，都是让人心力交瘁的事情，既让自己痛苦，也让对方为难。道理都懂，可是劝一个为情所困的人放手，何其难也！

唯有将爱与被爱的本质牢牢记在心里，在痛苦时翻出来不住默念，再用足够丰厚的阅历做缓冲，才可能在爱情中受伤时，能够忍耐得住。

恋爱中的人常习惯将爱比喻为漫天霞光，满院鲜花，盼望着能一生携手共历人生，顺境中分享快乐，逆境时分担坎坷。从没有想过有一天，时过境迁，曾经的爱水过无痕，可还是因着一念执著，损人不利己偏就不肯放手。

也许是相遇的时间不对，也许就是人心善变。恋爱时，每个人都是天使，缘尽时，却还拼命拉着衣角，苦苦哀求，甚至用别人的冷漠或懦弱来惩罚自己，其实你根本就是值得更好的！如果每段恋曲都有美好的结局，那么爱情也就没有这样美妙甜蜜，弥足珍贵了。

放手时感到无奈的绝望，痛彻心扉，但既然已经决定放手了，就要坚信放手的选择是对的，这必然要承受的痛苦既是为了自己，也是为了对方。终有一天，当曾经珍爱如生命的人偶然再见时，才恍然大悟：原来，曾经以为的天长地久，其实不过是又一场萍水相逢，早一天放手，早一天成全。

爱过了，走过了，一路欢笑，一路泪水，不要反复追问，不必苦苦强求，漫漫人生旅途，有你喜欢的人能陪着你走了一段路，这已是难能可贵,何必还要以爱之名来束缚身心?要是敢不纠缠,前方也许会有更美的风景。

在爱情中勇敢的人,开始的时候不畏惧,爱的过程中不吝啬,结束的时候不耍赖。自己先将僵局打破,承认失败,接受无奈,轻轻叹气或者放声痛哭,那只是表情不同,心中的伤痛是一样的无遮无拦。希望爱过的人未来能够幸福快乐,希望自己敢爱敢恨敢失去,尽快忍耐过去,下一份爱情时不我待。

《圣经》说:"两人胜过一人,若一人跌倒,另一人会扶起他的同伴,若两人同眠,都感温暖。若孤独一人,岂能暖和呢?"

第五章
书、品、调

　　读书可以提升一个人的品味。品位就存在于日常生活一点一滴的细节当中，它就是你对生活的理解，就是你对待人生的态度。无论是挑选一件衣服的品牌，还是选择一种职业、选择一个伴侣，你的品位都在起着关键性的作用。依据品味来给自己的生命定一个感到舒适的格调，才能在一个合适的高度找准你的位置。这是一种因果的、必然的关系。你的品位是这样，你做人的格调大概就是这样。

01 幽幽女人香

你会喜欢上什么样的人？你在什么样的人看来更有魅力呢？性吸引力是浪漫又强大的一种力量。两性的性激素水平、外部性征、肌肉密度、脂肪含量的差异，分塑成两种不同的美感。

美的定义不应被僵化，每个人都可以欣赏自己独特的美。"8"字型的性感妖娆是美，超模的高挑平直也是美；日本的化妆到耳朵是美，性冷淡的北欧风也是美。

而那种特别强调女性特征的美感，就是经常听人说起的"女人味儿"了。

这种特别强调"女人味儿"的审美观在东方相对更为广泛，"女人味儿"就好像你在性别名片上印制的蕾丝花边，是一种韵味。它不单单是内在美和气质的表现，也是对女人特定价值取向的诠释。下面几个小细节，可以让你的蕾丝花边显得更加精致。

第一，拥有一双高跟鞋。

一双合适的高跟鞋配上薄丝高筒裤，会令你的双腿亭亭玉立，走起路来婀娜多姿，尽显你的魅力。

　　第二，适度的裸露。

　　穿衣服露得太多，会被认为不庄重；把自己包得像个"粽子"，又浪费了大好的身材，视觉效果保守又无趣。

　　如何露得恰如其分，是一门学问：对颈部有自信的女孩，穿V字领的衣服，再搭一条精致的细链，即能衬托美丽的颈部；对肩部有自信的人，吊带、抹胸都是不错的选择，如果担心露得太多，外面可以配个肩围或小的纱网；对胸部有自信的人，可以多解开一个衬衫的纽扣，穿透明衬衫搭配撞色的花边胸罩；对腿部线条有自信的人，可以穿迷你裙，若穿长裙的话，可以露出足踝。

　　第三，恰到好处地调情。

　　眼神、语言、动作上的互动，都是最直接、最常用的调情手段。更隐秘的，比如通过对艺术的品鉴，通过线上软件的签名状态互动，通过曲调的低声应和，也都是日渐常用的调情方法。

　　第四，选择一种香水。

　　香水就像你的专有标志。比较常用的做法是涂在发根、耳背、颈项和腋下，这样留香时间比较长，而且香氛方位立体。

　　还有一种方法是：将香水涂在肚脐和乳房周围，另用一小团棉花蘸上香水，放在胸罩中间，这样不但香味保持长久，还可以使香味随着体温的热气，向四面八方溢散。

　　第五，适度娇弱。

　　娇弱的属性跟"女人味儿"经常混搭出现。一般而言，喜欢追捧"女人味儿"的男人，都不太具备欣赏女性强健美的品味。女人的精神和体魄都弱一些，方能让他们感到自己更强大、一切尽在掌握。所以娇弱，或者说，显得娇弱，在有些人的眼里简直是"女人味"不可或缺的必备属性。

幽幽女人香，不是光靠动人的外表就能香气迷人的，需要从培养自身的素养开始，方能沁人心脾。

02 淑女的自我修养

俗话说："女人不淑，男人不爱。"淑女中的"淑"在江南一带方言中，常被男人用来形容那些喜欢折腾、不自量力的女人，往往含有贬义。可现在它的词义已经渐渐和"可爱"联系起来，男人的态度也渐渐由害怕而变得欣赏起来。

对于"淑女"一词，作家亦舒曾经这样说过："真正有气质的淑女，从不炫耀她所拥有的一切，她不告诉人她读过什么书，去过什么地方，有多少件衣裳，买过什么珠宝，因为她没有自卑感。"

对淑女的定义，就像其它任何这个世界上对特定事物的定义一样，会随着地域和时间不断变化，变成某个时期某个地方所认定的样子——而这仅仅是诸多变幻中的一个片段。

"淑女"之所以开始受到男性的青睐，主要是现代社会男性压力比较大，他们希望女性能给他们带来更丰富的刺激，更多元化的生活。

另外，要达到"淑"的标准，需要一定的文化水平、社会经验和机智的头脑，这些条件同时也正是女性获得社会价值所需要的条件，也就是说，女性如果"淑"得有吸引力，得到广泛的认可，其收入水平一般也不低，在经济方面也必然会赢得男性的尊重。

淑女的处世态度往往比较淡泊，她们并不看重最终目标，只希望通过"做"，来使自己的人生有声有色。而淑女的存在不仅是让自己的人生充满了色彩，同时也给男人带来一些美好的期盼。

淑女的气质和风范在中国传统礼教下可能并不被看好，它是相对开放的社会条件下，女人在仪表、谈吐、举止、思维上和行为习惯上做出正向调整，将一系列单项融会贯通后所展现出来的魅力，表现出了女人高洁、真挚、向上的人格魅力。

中国传统礼教思想束缚下的女人是不可能成为淑女的，因为它抹杀了一个个体应有的魅力和价值。而现代社会所提倡的淑女，是在传统束缚下的有条件的松绑，让女性可以有更多的空间去舒展自我，允许女性具备独立向上的精神，是新文明、新文化、新时代背景下的美好女性。提倡做淑女，使女人更具有个性、魅力和品位，使女性创造经济价值、发挥聪明才智、参与人类种群的进步、恢复女人的本来面目。

从淑女身上就可以看出，淑女的真正品味是由内而外散出的素养的芳香。的确，没有素养的人，就没有底蕴，就如同一朵美丽的花却没有花香一样。但是如果你受环境影响，真的不巧没有多少"素养"，那么也不要过于介怀：因为，没有底蕴并不影响人向善，没有香味并不影响花绚烂。千万不要因为自己不符合一个变换中的定义而否定自己，爱才是这个世界上永衡不变的要素。

素养是做淑女必不可少的魅力养分。然而，素养由注意小事上的规矩和礼仪而养成，注重细小的事情，被看作是淑女们有素养的基础。有些人吃东西喜欢舔舔手指上沾着的东西；看书习惯用手指蘸唾沫翻动纸页；有些人说了对不起别人的话，不懂得致歉；有些人借了别人的东西常常忘记归还；有些人对于别人的隐私乐于传播；有些人当众抠鼻子、挖耳朵、脱鞋子；有些人对异性表示出过分倾心，动作太轻浮……诸如此类，性质本来并无不同，都是一些观之不雅的小事，只和教养有关，和性别无关。但是这些小事无疑都是有失教养和风度的，如果想做淑女，就应当注意纠正和克服，努力培养良好的素养。

03 断舍离，
　　做一个生活中的智者

　　漫漫人生路艰辛莫测，轻装上阵尚且不太好走，沉重的负担更是会在路上吞噬掉人的智慧。必须要学会懂得放弃，因为懂得放弃应该被看作是一个人逐步走向成熟的标志，更是人的一种美德。

　　大多数人都希望自己的人生轰轰烈烈，认为生命就是需要经过大喜大悲后的刻骨铭心才算精彩。可是，有些人也会追求那种悠然的心境，不仅仅是因为这样的无欲无求有着一种超乎常人的坦然、一种淡雅温和的松弛，更重要的是，这样的人才能在纷乱喧嚣的尘世中找到属于自己的空间，不至于心理失衡、不至于迷失自我，不至于忘记本心。于是，人需要懂得放弃，整理出无用的情绪和负担，及时舍弃，生活可不是各种经历的简单堆砌。

　　常常听到好多关于"活着真累"的话，也经常见到各种轻生放纵的故事，总觉得人们的生活负担越来越重、压力越来越大。细细一想，当你把自己所遭遇的一切都非得毫无选择地填塞到内心世界里时，怎么能指望人生还有许多精彩和欢笑呢？你甜美的回忆、高雅的格调、等待去实现的目标，还有安放的空间吗？因此，尽快开始行动，有选择地放弃，腾出更多更大的心理空间，让自己的人生更加轻松和充实。

不曾付出过努力，什么都没有得到的人，"放弃"对他们来说是很容易的，因为他们本就没有什么可失去的，说放手就放手。而对于大多数活得很努力的人来说，放弃就真的很难，有些事情明知道有错也要做，有些路明知道绕远也要走，因为这些人认同即使有错，也强于留下一片空白。这就是人生的体会，这样想本没有错。只是错过之后，绕远之后，美好的记忆请自己收好，但是沉重的包袱也要及时扔掉，不要任由它让自己变得愚蠢、把自己压垮。

生命中的许多记忆都会随着岁月之河的冲刷而渐渐淡去，偶尔会发现，沉淀下来的那些曾经被你认为平庸的事，却成了念念不忘的永恒。蓦然回首，所有人都会注意到，有些东西的放弃当初显得是那样的难，但在现在看来，却又是那样的应该和自然。原来，正是放弃的过程冲刷出了你呈现成熟美丽的那片宽阔平原。

没有别的任何人能够决定什么是你应该放弃的，什么是你应该留下的，所有的取舍全在你自己，在于自己是不是懂得，放弃是一种美德。

04 学习，
   优化你的品味

昨天的文盲是不识字，今天的文盲是不懂外语和电脑，明天的文盲是什么样？联合国教科文组织早已给出新的定义：不会主动寻求新知识的人。

在人类跨向知识经济时代的今天，知识对每个人的重要性越来越突出，现在不再是"活到老，学到老"。而是"学到老，才能活到老"。所以，聪明的人会一直学习、学习、再学习。准备得充分一些、再充分一些。这样才能不断提高自身素质，抓住机遇，走向成功。

聪明人做事情很少会半途而废，有了学习的习惯和知识的积累，路就越走越长。在路上也许会有坎坷和荆棘，也许会跌倒，但是聪明的人必定能够克服障碍，并从中积累可贵的人生经验。

既然行走在生活的道路上，就像那首歌所唱的："人生路上甜苦和喜忧，愿与你分担所有。难免曾经跌倒和等候，要勇敢地抬头。谁愿常躲在避风的港口，宁有波涛汹涌的自由。愿是你心中灯塔的守候，在迷雾中让你看透。阳光总在风雨后，乌云后有晴空。珍惜所有的感动，每一份希望在你手中。阳光总在风雨后，请相信有彩虹；风风雨雨都接受，我一直会在你的左右。"能够找到愿意分担一切的伴侣固然重要，但在生活中汲取到经验也是同样的重要。

遇到低谷，聪明的人不会在低处于事无补地哭泣，更不会任由自己被深深埋葬在失败里，而是将痛苦化为经验，不断累积，成为进步的阶梯，逐渐提高自己，终有一天能够化困境为平地。

的确，知识是学不完的，需要我们不断努力学习。不论你是在求学的时代，还是已经踏入社会，学习将始终伴随我们一生。可是，在现实生活之中，举目看去，这样的情况俯拾皆是：有太多人走上工作岗位以后，便很难再有学习的时间和热情了。甚至很多大学的老师，即便处在教育的大环境下，除了教课之外，也没有多少时间用在学习新知识之中了。难道当真是大学一毕业，学习生涯就此结束了吗？

当然不是。

中国古代先哲孔子有一句话，叫做"学然后知不足"。通过学习，我们会拓宽思路、增长知识，然而我们同时也会发现，自己不足的地方实在太多了，这也不懂，那也不懂。甚至常常会怀疑自己到底有没有这个能力、精力，把不足的地方补上。在我们身边，就常常有这样的例子，经常有人在某个关键点上止步不前，甚至没有勇气继续试探，最终遗憾而退。学然后知不足，知不足后应该发愤图强，循序渐进，持之以恒，直至弄懂为止。

学然后知不足，就已经是进步的一半，只要我们继续努力，弥补不足之处，就能取得更大的进步，这才是聪明人的做法。

著名国学大师王国维在其《人间词话》一书中,有关于古今成大事业、大学问者立业、治学三境界的论述:古今之成大事业、大学问者,无不经过三种之境界,"昨夜西风凋碧树。独上高楼,望尽天涯路",此第一境界也;"衣带渐宽终不悔,为伊消得人憔悴",此第二境界也;"众里寻他于百度,蓦然回首,那人却在灯火阑珊处",此第三境界也。

在这里奉献给各位亲爱的读者朋友们共勉,希望每一位愿意做聪明人的朋友,能够不断提高自己,完善自我,早日达到最高的境界。

持续地学习还有一个附带的福利。学习不仅增添我们的能力、充实我们的智慧,而且注意观察,它也在悄然优化我们的品味。

05 美姿仪

仪态就存在与举手投足之间，良好的仪态可以助人博得好感；优雅的仪态是有教养的直观体现，也是充满自信的直观表达；美好的仪态，会使认看起来年轻很多，也会使穿在身上的衣服显得更漂亮。善于用形体语言与别人交流在社交场合会起到很好的效果。

关于仪态美，比较注重自我形象的人大多都有自己的心得，下面主要谈及比较容易被忽视的几点：

（1）手势

手是传情达意的重要手段和工具。因此手势礼仪不可不知。

要善于根据现代体态语言学的研究成果，判读他人手势语的真实含义，然后决定自己如何去施礼或受礼。如果对方双手自然摊开，表明对方心情轻松，坦诚而无顾忌；如果对方紧攥双拳，说明对方怒不可遏或准备"决战到底"；如果对方以手支头，表明对方要么对你的话全神贯注，要么十分厌烦；如果对方迅速用手捂在嘴前，显然他是觉得吃惊；对方用手成"八"字型托住下颏，是沉思与深算的表现；对方用手挠后脑，抓耳垂，表明对方有些羞涩或不知所措；手无目的地乱动，说明对方很紧张，情绪难控；如果不自觉地摸嘴巴、擦眼睛，对方十有八九没说实话；对方双手相搓，如果不是天冷，就是在表达一种期待；对方咬手指或指甲，如果他不是幼儿，那他在心理上也一定很不成熟，涉世不深；双手指尖相对，支于胸前或下巴，是自信的表现；对方与你说话时，双手插于口袋，则显示出没把你放在眼里或不信任。

劳动创造了人，劳动离不开手，人手使人具有了区别于其他动物的特殊本质。手势是人的第二面孔，具有抽象、形象、情意、指示等多种表达功能。今天，女孩子为了有效地根据不同对象适度施礼，必须通过对方的手所表现出的各种仪态，准确判读由各种手势传达出的各种真实的、本质的信息，为完成公共关系的任务服务。

自己在使用手势语时，有些地方是值得特别注视的。例如当需要伸出手为他人指示方向时，切忌伸直一根指头，这是一种没教养的典型表现；一定要将五指自然伸直、掌心向上指示方向，在社交场合，更不要用手指指点点地与他人说话，因为这不仅是对他人的不礼貌，而且简直就是对对方的轻视和瞧不起。又比如：打响指是一些人在兴奋时的习惯动作，但是在比较庄重的场合，这个动作也应当尽量避免。有人碰到熟人或招呼服务员时，常常用打响指来表示，这常常会引起对方的反感，甚至厌恶，这不仅是对对方的不尊重，也表明了自己不大严肃。

除了手势可以揭示人的内心、可以用来表情达意之外，面部（包括眼、眉、耳、鼻、嘴、脸、头发等）、颈部，肩、躯干、臀以及双脚都可以发挥传达内心真实情感的功能，对此，如果你有心，都应在实践中认真观察、总结。这样，一方面可以使自己在社交场合中准确了解、理解对方，另一方面，也可以使自己真正得体有效地根据需要进行演礼。

还需要说明一点，以上提到的各种体态语只是为了解释需要才有头、手、躯干等区分，实际上，人体是一个整体。各部位是相互配合，协调动作的，是变化多端的，这就需要我们在实践中综合判断、灵活运用。

（2）形体礼仪

全世界的人都借助示意动作，有效地进行交流。最普遍的示意动作，是从相互问候致意开始的。注重礼仪的人应该得体地运用示意动作以及了解别人的示意动作。特别是遇到无声的交流时，应该更加注意观察，避免误解。

①目光（用眼睛说话）。分为公事活动和社交活动两种情况：在公事活动中，要用眼睛看着对话者脸上的三角部分，这个三角以双眼为底线，上顶角到前额。洽谈业务时，如果看着对方的这个部位，会显得很严肃认真，别人会感到您有诚意。在交谈过程中，你的目光如果是落在这个三角部位，你就会把握谈话的主动权和控制权。在社交活动中，也是用眼睛看着对方的三角部位，这个三角是以两眼为上线，嘴为下顶角，也就是双眼和嘴之间，当你看着对方这个部位时，会营造出一种社交气氛。这种凝视主要用于茶话会、舞会及各种类型的友谊聚会。

②微笑。微笑可以表现出温馨、亲切的表情，能有效地缩短双方的距离，给对方留下美好的心理感受，从而形成融洽的交往氛围，可以反映本人高超的修养，待人的真诚。微笑有一种魅力，它可以使强硬者变得温柔，使困难变得容易。微笑是人际交往中的润滑剂，是广交朋友、化解矛盾的有效手段。微笑要发自内心，不要假装。

就拿当代新加坡人为例,他们极重视"礼貌之道重于行"的准则。他们的礼貌口号是"真诚微笑"。日常生活中,人们处世待物,总是伴以真诚的笑容。因故对他人有所干扰时,当事人总要赔笑致意:"对不起,打扰您了!"即使交通警察对违章行人罚款时,也要微笑着执法。城乡街头的宣传画或其他宣传性手册上,印有笑脸图像或礼貌的口号;宣传礼貌的用具、奖品及广告商标,以笑容图像为标志。新加坡人的生活信条是:"真诚微笑,处世之道","人人讲礼貌,生活更美好"。

因此,在交际时要运用好这几种微笑:

一是自信的微笑。这种微笑充满自信和力量,在遇到困难或危险时,若能待以微笑,积极乐观,一定能在最短时间内渡过难关。

二是礼貌的微笑。这种微笑如春风化雨,滋润人的心田。一个懂得礼貌的人,会将微笑当做礼物,慷慨地赠予他人。

三是真诚的微笑。表现对他人的尊重、理解、同情。不论从事什么行业,都应该学会微笑的艺术,因为微笑服务可以获得客户的信任与理解,从而在业务上获得成功;用微笑来应急,无言地表达了一种容忍与理解,让对方心里感到放松和温暖;用微笑来拒绝一些无聊、不近人情的或难以回答的问题,同样让对方感到一种威慑力量。

(3)常见的不良举止

要想提高礼仪修养,首先应该克服不良举止,以下的一些举止正是有些不拘小节的人经常会做的,但是却带来了很不好的影响。一个优雅、注重仪表的人绝对不会有这样不堪的举动,把它们列在下面,提醒注意:

①随便吐痰。吐痰是最容易直接传播细菌的途径,随地吐痰是非

常没有礼貌而且绝对是影响环境、影响身体健康的。如果你要吐痰，把痰抹在纸巾上，丢进垃圾箱，或去洗手间吐痰，但不要忘了清理痰迹。

②随手扔垃圾。随手扔垃圾是应当受到谴责的最不文明的举止之一。

③当众嚼口香糖。有些人喜欢通过嚼口香糖以保持口腔卫生，那么，应当注意在别人面前的形象。咀嚼的时候闭上嘴，不能发出声音。并把嚼过的口香糖用纸包起来，扔到垃圾箱。还有一点是要特别注意的，嚼槟榔对健康有很大危害，如果有这样的不良习惯，应当尽早戒掉。

④当众挖鼻孔或掏耳朵。有的人习惯用小指、钥匙、牙签、甚至笔等当众挖鼻孔或者掏耳朵，这是一种很不好的习惯。尤其是在餐厅或茶坊，别人正在进餐或饮茶，这种不雅的小动作往往令旁观者感到非常恶心。这是很不雅的举动。

⑤当众挠头皮。有些头皮屑多的人，在公众场合因忍不住头皮发痒而挠起头皮来，顿时皮屑飞扬四散，令旁人大感不快。特别是在那种庄重的场合，这样是很难得到别人的谅解的。如果实在痒的受不了，也应当尽量用动作比较小的方式解痒，比如用指甲按压痒处等，千万不要大幅度抓。

⑥在公共场合抖腿。经常有人坐着时会有意无意地让双腿颤动不停，或者让跷起的腿像钟摆似地来回晃动，而且自我感觉良好以为无伤大雅。其实这会令人觉得很不舒服，尤其是在电影院等座位相连的场合，你这样做会影响到别人，也显示出你的目中无人。这是很不文明的表现，也比较容易忽略，需要特别注意。

⑦当众打哈欠。在交际场合，打哈欠给对方的感觉是：你对

他不感兴趣，表现出很不耐烦了。因此，如果在别人和你说话的时候，你控制不住要打哈欠，一定要马上用手盖住你的嘴，跟着说声："对不起"。

⑧强迫他人吸二手烟。2014年11月24日，卫生计生委起草了《公共场所控制吸烟条例（送审稿）》向社会公开征求意见。送审稿明确，所有室内公共场所一律禁止吸烟。此外，体育、健身场馆的室外观众坐席、赛场区域；公共交通工具的室外等候区域等也全面禁止吸烟。如果控制不住，应当去专门的吸引区域吸烟，千万不要因为觉得"别人不好意思说"而放任自己的不良行为，这是对别人，也是对你自己的不尊重。

⑨不必要的肢体接触。有些人有这样的习惯：在和人交谈的时候，为了获得更多的关注，特别滥用肢体接触。或者碰下手臂，或者拍下腿，或者搂下肩，说两句话就要碰一下。这样的人大概潜意识中也能知道自己说的话琐碎又没有意义，所以要用这种礼仪修养欠佳的方式，有点强迫意味地吸引别人的注意力。

还有的人，在排队行进的过程中，很喜欢用胳膊顶着前面的人后背推着人家走，或者一下一下持续用手臂或者手里的东西去碰撞——哪怕排在前面的人一直在正常行进。这样的人对他人缺乏应有的尊重，在排队这件事上缺乏基本的礼仪，无疑是文化素养低的表现。

第五章
书、品、调

06 要秀外，也要慧中

台湾著名作家林清玄在《生命的化妆》一书中说到女人化妆有三个境界。其中，第一个境界的化妆是脸上的化妆；第二个境界的化妆是改变体质，让一个人改变生活方式、保证睡眠充足、注意运动和营养，这样她的皮肤得以改善、精神充足；第三个境界的化妆是改变气质，多读书、多欣赏艺术、多思考、对生活乐观、心地善良。因为独特的气质与修养才是美丽的根本所在。所以，你要记住，唯学能提升气质，唯书能提升品位。有品位的人时刻不要忘了跟书约会。书是一生都值得信赖的伙伴……

读书可以增添智慧，可以使人更有品位，也就使人不浮于表面地呈现出一种智慧的美。就像在生活中，拥有书香气质的人，自然就显得与庸俗绝缘。即使是貌不惊人，但骨子里却透出来一种天然的美丽。拥有书香气质的人谈吐不俗，仪态大方，在很多场合都令人瞩目。当一个女人拥有书香气，她的美，不似鲜花，不似美酒，她会像一杯散发着幽幽香气的淡淡清茶，透出智慧和不俗的品味。

读书对增添品位的效力，不像睡眠，睡眠好的人，容光焕发，睡眠差的人眼圈乌黑。读书和不读书的人在一天之内是看不出来的。书对于品味的功效，也不像美容食品，注重滋补的人，驻颜有术，营养不良的人，憔悴不堪。读书和不读书的人，在两三个月内，也是看不出来的。日子是一天一天地走，书要一页一页地读。清风明月水滴石穿，一年几年一辈子读下去，累积的智慧，才能最终夯实一个人的品位。所谓的"秀外慧中"就是指这个。读书所拥有的智慧使之与市井中、弄堂间的耍小聪明的人有着质的区别。智慧与人的领悟力有关。大至人生命运，小至日常生活，智慧使人面对大小问题时懂得分寸，能够有明智的选择，而读书是获得智慧最好的入口。

西方有一本专门谈论女人的小册子叫做《猫》，书中说："若是一个女人看书从来不看第二遍，只因为她'知道里面的情节'了，这样的女人决不会成为一个好妻子。如果只图新鲜，全然不顾风格和韵致，那么过不了些时，她就摸清楚了丈夫的个性，他的弱点与怪僻处，她就嫌他沉闷无味，不复再爱他了。"真是一针见血，在看待女人的阅读问题上，男性往往有最敏锐的视觉，因为这事关天下男人的幸福。

第五章
书、品、调

07 腹有诗书
　　气自华

　　读书可以增加生活的情趣，读书可以陶冶情操，读书更可以修身养性，读书的人浑身都散发着一种优雅的气质。

　　一个人把闲暇的时间用来读书，一个人把闲暇的时间用来打麻将，他们的气质确实会有很大的差异。读书的人有一种独特的韵味，有一种不可抗拒的恬淡与平和，言谈举止里透出涵养、聪慧与贤德。他们观察事情是视角更加独特、对待事物的观点更有主见，他们自然而然地避开了人云亦云，他们更不容易被别人的思想控制。

　　读书的人自信、慈爱、大度，为人处世更宽容、更淡泊。他们热爱自己的事业，呵护自己的家庭，尊重自己的亲朋好友。受益于长期地读书和思考，他们也比较容易学会如何真实地爱，如何有品位地生活；读书的人有一部分更喜欢独处，独处利于思考，品尝着命运带给他的情绪，对寂寞有自己不同于常人的理解。勇于追求自己想要的，但明白淡泊以明志，宁静以致远的道理；读书的人心态一般都比较好，书中太多的历史可供借鉴，书中太多的成败可供参考，面对生活中的纷纷攘攘，有更多可以对照的经验。在人生的困难和挫折面前，能神态自如，想出百般对策，有着顽强的斗志和毅力。水的柔情、山的伟岸在书中描绘，在思想中交汇，在人的品格中显现。

在一些男人眼里，美丽的女人其实也是一本书，容颜就是封面，智慧的核心就是内文。清新淡雅或是华丽雍容的封面吸引了他的眼睛，然而令他们长久留恋的却是书中的内容。你如果是一个爱读书的女人，你的"内容"自然就更加丰厚。美丽的肉体很快衰老，但是伟大的思想、有趣的灵魂、端正的价值观，这些才是最能让人难以舍弃的宝藏，有深度的男人会为此流连许久甚至一生——你的智慧能为他点拨迷津，又不会妨碍他的思考，如一把钥匙突然打开他尘封已久的思想，让他感到新鲜而放松，随时都能找到意外的惊喜；在他山穷水尽的时候，你总能给他柳暗花明；在他绞尽脑汁时，你总能为他排忧解难。你们是两个独立又平凡的人，你们相遇了，你们相知了，你们彼此搀扶，努力活的更好。而读书，也可以帮助女人看清男人的深度。

人的容貌即使再美丽、保养得再好，也经不起岁月的磨砺；如果腹内空空，言辞虚浮，即使貌若天仙，珠光宝气，也会让人觉得庸俗。美丽的外表配上渊博的知识，让人回味和向往。人都会渴望成为这种优秀，或者亲近这种优秀。

读书会让格调升华，有时甚至会让整个人散发出光芒，即使素面朝天，即使容颜老去，依然散发着夺目的魅力。人格的基调厚重而紧密，不是一朝一夕可以伪装的。

在看书这件事上男女是不该有什么区别的。男人可看的书，女人都可看，比如：文学、哲学、戏剧、军事、政治、传记、历史，等等。因为作为女性，她在历史上受到歧视、在生活中受到暗示，她的生存空间比男性要狭小，所以更需要博览群书，放眼世界，以明己知世，有效汲取最充足的养分，培养一颗属于自己的独特心灵，而后过上自己想要并适合自己的生活。所以，女人很有必要多读书。

书是有力的伙伴，以下仅在推动性别平权的层面推荐几本适合女人读的好书，可以帮助我们避开陷阱。

《女性主义》——女性主义的理论千头万绪，归根结底就是一句话：在全人类实现男女平等。

《紫色》——过对女主人公茜莉的描写,揭露了男权社会对女性的压制,极力表现了女性的觉醒和对独立自由的追求。

《给樱桃以性别》——将历史、童话故事和小说熔合进了一种水果里，有着回味无穷、令人惊艳的味道。

《黑暗的左手》——书中描写出一种没有性别的独特异星文化，并借此而对性别、社会、生命等议题有深入探讨。

《第二性》——被《时代》周刊评为20世纪改变人类思想和生活的10本书之一。当代西方女权主义运动的"圣经"，迄今为止对女性问题研究得最为透彻的一本书。

《圣杯与剑》——"剑"是统治、毁灭的隐喻，"圣杯"则象征着向神圣和谐秩序的回归，它给予权力而不是剥夺权力，用平等合作取代统治。

《亲密关系的变革》——每个个人都应尊重他人的能力；不滥用权威和武力，以保证决策的协商性；个人参与决定相互联系的条件；个人能有效地实现其目标。

《像女孩那样丢球》——收录了杨就在现代西方社会里的身体经验所写下的文章，不仅对女性身体经验做出理论性的描述，也对女性今天在自由与机会上依然蒙受的不义限制做出规范性的评断。

《女太监》——为女性了解自身和社会现实提供了有价值的参考。

《阁楼上的疯女人》——被誉为20世纪女性主义文学批评的《圣经》，也是当代美国文论中的经典。

《使女的故事》——它描写的是未来之事，但具有强烈文化内容。它讲述已成历史的未来，从而使它具有可企及性。

《性别打结》——我们生活在打结的性别关系中，看不起自己的处境，也不知如何解套。

《性别麻烦》——对性别的"自然性"提出了迄今为止最有说服力的质疑。

《性别化的人生》——探讨了传播和文化是如何影响人的性别定位的。全书理论与鲜活的个案相结合，由浅入深，寓理论论述于生动活泼的案例旁证之中。

《厌女：日本的女性嫌恶》——对日本当代的各种社会现象进行分析，其中谈到的许多现象，尤其是家庭的、婚姻的，在中国也有很类似的情况。

《金赛性学报告》——在本书中，金赛和同事们一共搜集了近18,000个与人类性行为及性倾向有关的访谈案例，用大量的访谈资料和分析图表，向世人第一次揭示了男性性行为与女性性行为实况。

《女孩的进化史》——一本彻底改变女孩命运的不朽经典，2010年美国纽伯瑞大奖银牌作品。

《玩偶之家》——围绕过去被宠的女主人公娜拉的觉醒展开。

《女人的历史》——因为传统的历史观照完全集中于男性,却并未给予女性应有的关注与荣耀。女性的声音被压制,女性被排除在历史之外。然而,女人是有历史的。

《天空的另一半》——通过这些故事,作者向我们展示了女性的生存困境,整个世界对此困境的态度,以及女性身上自我觉醒的力量。她们将绝望化为希望,勇敢争取生命尊严。

《无声告白》——探索了身份危机、人生成就、种族、性别、家庭以及个人道路。

《向前一步》——有很多贴切的建议,适合所有成长中女性在现实生活中加以分析和实践。

读书一定要读出智慧来。充满智慧的人犹如一杯醇厚的佳酿,外表深不可测,喝一口下去,滋味却在喉头燃烧,叫人禁不住再三回味。可以说,读书的人是温柔的,是高贵的,是得享美丽的。书是灵魂最好的装饰品,无论再忙,压力再大,有一些书是一定要看的,而且要仔细地看。因为它不仅教你如何看清一个人,如何做好一个人,也让你获得智慧,培养良好的品味,提升人生的格调。

08 阅读不等于思考

在我们读书的过程中会接收到很多观点。但是如果仅仅是读到了，没有经过你自己的深入思考，没有融入你自己的见解，没有经历过你的反思和判断，那么这个观点就不是你自己的观点，不应该在一些场合直接拿出来"应急"。

几乎可以说没有人希望自己"肤浅"。思考，是成本最低的、最直接最实用的使一个平庸的人变得深刻的方法。思考这把通往自由的钥匙时刻都攥在你的手里。不管你的物质生活是否富裕，不管你的精神世界是否贫瘠，不管你能跑能跳还是只能躺在床上，不管你是在读一本书还是看待一个现象，能够禁锢你思想的人只有你自己。

固然，一个人的见识和成长环境对这个人的眼界和判断力影响巨大，也在一定程度上强制禁锢着人的思想，但是一个人只要还具备思考的能力，就有使自己变得更好，然后改变命运的机会！

第五章
书、品、调

常说读书改变命运，读书真的可以改变命运吗？读书可以帮助人获取知识。又说知识改变命运，知识真的可以改变吗？拥有更多的知识只说明你收集起了更多的信息。而起决定性作用的，是在收集起信息以后，通过自己的思考，对其去伪存真，回馈社会，继续寻求探索更高级的知识。一个人这样做，可以改变自己的命运，每个人都这样做可以改变人类的命运。

独立思考大致可以分为三个逐阶表现的能力：1. 质疑的能力。 2. 独立客观判断的能力 3. 求真的能力。而不读书导致了知识贫乏，知识贫乏又极端地限制了人独立思考的能力。在这个世界上绝大多数智力正常的人都有独立思考能力——即使是能力微弱，在他所感兴趣的领域也至少会有一点。遗憾的是，不通过读书等方式去收集知识，就很难迈出思考的第一步。如果身边有人用立场取代事实、偷换概念、罔顾逻辑，没有独立思考能力的人连质疑都不会产生，几乎无可幸免地会被人利用。一旦遇到居心叵测的谣言散布者，他们也就只有被煽动的份儿了。

已经意识到这一点的人，会自觉地、持续不断地读书、学习、思考，充实自己，锻炼独立思考的能力。直到肉体老去，依然可以保持灵魂的清醒。

不可否认，人们都喜欢和有深度、懂得独立思考的人交往。在这样有智慧的人身边，感受那种清晰、流畅、痛快淋漓的思想风暴，享受拨云见日般的舒畅，这实在是平凡生活中的一大乐事。

可是能成为那样的智者的，毕竟是少数。受各种条件的限制，也许我永远也达不到那个高度了，不过这完全不会影响我朝着那个高度努力。家境、国籍、年龄、性别、身处的环境、曾经的遭遇，没有任何借口可以让人放弃对独立思考的追求。

有选择地读更多的好书,然后独立思考。所有的智慧、心态、魅力、能力、品味、格调,甚至是幸福,都只是附带而来的益处。

人有了独立思考的能力,哪怕还只是刚刚起步,也应该去力所能及地帮助别人。至少,哪怕只为自己考虑,如果不把好种子分给邻居,飘来劣质的花粉也会导致自己减产。

09 追求优雅的气质，
　　永不停歇

西方有这样一句谚语："一个平凡的女子或许不能成为王妃，但她不能没有梦想。"那就是对美好的向往，若是她没有漂亮的外表，她会努力塑造自己美丽的心灵。

罗丹说："其实我们的生活中并不是缺乏美，而是缺少发现的眼睛。"只要用心去观察，就会发现美丽无处不在。每一朵花都有它的美，或娇艳，或清纯，或大方……

温柔很美，就像江南三月的春风，熏人欲醉，情感丰富细腻，总是那样的善解人意。恰到好处的温柔是最好的药品，生命里所有的痛苦和伤痕，都可以在爱人温柔的抚慰下烟消云散。

优雅很美。优雅是一种从容不迫、雍容华贵的气度，一举手一投足，一颦一笑，一件简单的衣饰，都可以展现无可比拟的优雅气息。即使是在衣香鬓影的晚宴上，优雅也是引人注目的焦点，和优雅的人在一起都会情不自禁地受到感染。

善良很美。善良应该是不可少的美德，心灵之美，是一种让人向往的美。善良中蕴涵着宽容大度，善良中深藏着理解与尊重，善良中包含着仁爱友善……

美丽的花朵，美丽的环境，美丽的艺术，美丽的人，对待美丽，我们应该心存感恩。

世界上从来没有完美的人，但是却有很多种的美，把追寻美丽当作生活的一部分，让美丽如同春天的花朵，夏日里的绿阴，秋风中的红叶，冬季里的飘雪，各有各的风情。

就算是觉得自己实在不美，但是也不妨碍有鉴赏美的能力。追求优雅的气质，永不停歇。

随着年龄的增长，上天赋予的青春美好会渐渐褪去，没得商量——就算是从幼儿园起开始保养也是一样的。所以人真的不要过于迷信外表，思想、魅力、气质、相对于同龄人更健康的身体，这才是应该尽早开始的修炼。人的修养就像储蓄，平时一点点积累，最后获得的总值就很大。很多年轻人不在意这些，肆意挥霍青春美丽，当优势不再才感到危机，再开始从新修炼内功，难免慌乱。从这样看来，倒是那些外表相对普通的年轻人，会有更多机会，尽早去为长久的美丽做准备。

容貌美丽的人未必优雅，而优雅的人一定美丽。优雅还有一个好处，就是它可以从任何一个阶段开始积累。哪怕你青春不再，哪怕你正为生存苦苦挣扎，只要你努力寻求，它都能对你一视同仁。

虽然一直在强调，优雅的气质如何重要、素养和态度是美丽的基础，但是也别忘了，美丽的形式是多种多样的。如果你的内功还没有修炼到浑然天成，"骨子里自然散发出高雅"的境界，那简直太正常了，毕竟"培养一个贵族需要三代人"。美丽首先是为了自己，只要朝着自己喜欢的样子，用一生的时间慢慢打磨就是了。如果你经过思考觉得自己不需要、或者不喜欢成为那种状态，并不以为美，那就放弃这种风格去研发自己专属的美。总之，认可才去努力，千万不要勉强自己时时"端着"。

不管怎样选择，人作为一种高级动物：吃五谷杂粮就需要排泄；痛哭就会流鼻涕；着凉了就打嗝；生病了脸色就铁青；愤怒时表情就狰狞。至少以2018年的科技水平，人的精神境界再怎么提升，肉身也不能摆脱动物性。那么至少在自己的家里，在不用理会外界干扰的心灵港湾，在自己最亲爱的人面前，人可以更加放松、随性、肆意地待着。事关优雅，有一个不知是否为杜撰、版本细节有所不同，但是流传甚广的"梗"：一次记者招待会上，记者问李敖离婚的原因，李敖回答："我是个完美主义者，有一天，我无意推开没有反锁的卫生间的门，见蹲在马桶上的她因为便秘满脸憋得通红，实在太不堪了。"这样格调低下的羞辱，哪里还有半点优雅和素养可言？对此，胡因梦的回答是：同一个屋檐下，是没有真正美人的。那么到底是谁"实在太不堪了"，世人一看便知。

不论是外在的还是内在的美丽，在对别人提出要求的同时，还要先看看自己拥有多少。总之，优雅是自主的选择，不是强加的桎梏。优雅的样子也不是一成不变的，只要你有独立思考的能力、有健全的人格，就不会再沦落到因为世人觉得优雅，便去裹脚的地步。

10 加强修养，
   提升品位

在人际交往中，根据交往的深浅程度，我们将人的形象分为三个层次：对于那些只知其名未曾见面的人来说，一个人的形象主要与他的名声相关；对于初次相见只有一面之交的人来说，他的形象主要和他的相貌、仪表、风度举止相关；对于那些相知相交很深的人来说，他的形象更多的是与他的品行、文化、才能有关。可见，第一印象是由人的相貌、仪表、风度举止等综合因素形成的。所以，留给别人良好的第一印象，是建立良好关系的前奏。因为交往的第一印象具有"首因效应"，并会形成较强的心理定势，对以后的信息产生指导作用。

因此，每个人对"第一印象"都应予以高度重视，要充分利用"首因效应"，不仅仅懂得依靠漂亮的五官、健美的身段及得体的服饰等这些表象的东西，更要会以优雅的举止、熟练的礼仪作为手段，对自身的形象精心设计，在你重视的人面前展示自己的魅力风采。

如果一个人有出众的外貌，再搭配上精致的妆容和一身名牌，可以给人留下"颜值高""生活讲究""经济条件不错"的印象。如果这人举止有礼、仪表整洁、有温暖的笑容和态度，就可以给人留下"喜欢""想继续接触""看上去人不错"的印象。当然两种对比并不冲突，只要抓住自己的优势自行发挥就好。

可是，不管第一印象多好，如果实际上胸无点墨，就没法将这种好印象持续下去。甚至第一印象越好，反差就越大，越是让人诧异。说到底，如果是打算建立长久的关系，没有内在修养就会举步维艰。

一个人举止得体，周围的人都会觉得舒服；而一个人谈吐不俗，更会让人如沐春风。这些良好的感觉不能建立在一个人的着装如何名贵华丽上的，所以外在的装饰只能锦上添花，品味和格调的获得，比华服要难得多。

修养与品位息息相关，品位又指引着做人的格调。是读书也好，是报班也罢，只要不停止学习，人生就依然处于上升的区域。

加强修养的方式有很多，需要每个人按照自己的状态寻找出最适合的路径，但是万变不离其宗，以下三点可供参考：

（1）自我肯定

自我肯定不是孤芳自赏，更不是自恋。这份肯定不需要过问别人的意见，不需要征求别人的施舍。自我肯定能让人在为人处事时从容、理智，不为流言蜚语伤神、不为一时的不顺烦恼。

懂得自我肯定的人气度悠闲，落落大方，灿烂的笑容里有一股凛然之气，让心里阴暗的人不由得收起轻视之心。自我肯定很重要，因为它确实可以帮你抵抗很多来自生活中的恶意，但须注意的是自我欣赏不能过火，如果变成自恋狂就得不偿失了。这之间的火候，如果有充实的内在修养，自然就很容易掌握。

（2）充实自己

现代社会是知识极速更替的社会，新知识以极快的速度取代旧知识，如果不及时摄取营养，你很快就会变成一个营养不良的"生锈"的人。

摄取营养的方式很多很多，不仅仅是看书、学习。比如上网浏览、与人交流，欣赏一部出色的好电影，欣赏艺术，学一门小语种，新开启一项技能。只有不断加强营养，才能在绚丽的世界中游刃有余、进退自如，生活也将因此更加丰富多彩。

要注意的是：你通过自己的努力，明白更多道理、掌握更多知识、学会更多技能，这些只是你为你自己做的投资，这些都不能成为你自以为高明的资本。不管你正处于哪个高度，都没有权利看不起别的人。

没有爱，人就算不得什么，会的再多，也就如"鸣的锣、响的钹"。

（3）放松自己

仔细回想生活中我们所认识的"有品位"的人，无论有没有钱，无论是忙是闲，他们在"放松自己"这件事上都不会亏待自己。也许放松的方式不同，花费不同，时间和频率不同，但是让自己放松下来，这本身就是对"生活品味"的一种追求。

也许你是在忙事业、忙学术，也许你需要照顾小的、伺候老的，也许你现在就处境艰难或者以后可能会面临巨大的压力，不管是哪种生存状态，不管生活的陀螺转得多快，请务必挤出点时间来，一段只属于你自己的时间，让自己放松下来喘口气——天不会塌。

11 展示个性

（1）个性养成

所谓个性就是个别性、个人性，就是一个人在思想、性格、品质、意志、情感、态度等方面不同于其他人的特质，这个特质表现于外就是他的言语方式、行为方式和情感方式等等，任何人都是有个性的，也只能是一种个性化的存在，个性化是人的存在方式。

既然大家都是这么有个性，为什么生活中有些人看起来就那么与众不同呢？

首先要强调的是，这里所讨论的与众不同，不是哗众取宠，不是为了标榜而特意为之的个性。当然，这样的人也是很"有个性"了。

本章所讨论的与众不同的人，是指那种内心世界强大、独立、有原则的人，他们因为自身的完善，更加不容易受到外界的影响，从众心理在他们身上几乎起不到任何作用。这样的人，如果他们自己愿意，会是领导群体的人，而不是跟从群体的人。

对一个有个性的人来说，因为自己的特立独行、与众不同，无论是在生活还是工作中，自然都会受到更多来自旁人的指点或质疑，甚至是无知者的嘲笑和来自道德制高点的指责。然而，有个性的人丝毫也不会在意旁人的目光，他们强大的内心早已对这种低层次的挑衅免疫了。

个性不是一朝一夕形成的，它是从儿童时期开始，不断受到环境的影响、教育的熏陶和每个人自身的实践长期塑造而成的。个性有一定的稳定性，但不是一成不变的，生活中经历的重大事情往往给个性打上深深的烙印，环境和实践的重大转折变化也会在很大程度上改变一个人的性格。

如果你的身边也有这样有个性的人，只遵循着自己的价值观，按照他们自己的规则特立独行地生活着，那么你做为一个有修养、有格调的人，只要是没有侵害到你的利益，就不应该对人家指指点点。就算是实在看不惯，你当然可以不喜欢这个人，但是不要失了自己的风度。因为，有可能这个被你视为异类的家伙，有着你尚未涉及的深度和广度。

如果你本身就是这样的人，别的倒也不必多说，尽量以更多善意对待这个世界，是每个人都需要为之努力的。

如果你对多元文化接受度高，也正有意使自己的个性更鲜明，那么请注意以下几点：

①客观地了解自己。

②从自己的能力出发，完善自己性格中不好的方面，增强自我控制能力。

③"坚信比谎言更加是真理的敌人"，试着重估一切价值，保持怀疑，保持批判。

④并非每个人都有包容之心。面对各种"恐慌"，坦然接受，适

应，习惯，无视。

⑤不要随波逐流，有自己的态度，并试着与自己周围的环境保持一种比较平和的关系。

（2）爱情与个性

爱上一个人，爱的标的就是个性。

①试金石

如果有个人声称爱你，但是又觉得"你的个性太强了"，甚至以爱之名要求你抹掉个性，保留共性，不然他就会感到不幸福。对这样的爱，有个性的你肯定会在心里打个问号了。

个性是爱情中的试金石。你之所以成为你，正是因为你独特的个性。如果这份爱情正是被你的个性吸引而来，那当然令人欣喜；如果是被你更隐秘的特质吸引过来，但是对爱情有包容之心，拿出爱情应有的态度来接纳你的个性，那也很好啊；但是一个挑剔你个性、要求你必须抹除个性的人，接近你是为了什么呢？如果只是看中了你与之合拍的共性，又不自觉有包容的义务，那"再去别家看看"岂不是一个更加与人方便、与己方便的选择吗？

当然了，真真切切柴米油盐的生活才是爱情最大的试金石。如果你认同放弃个性迎合爱情，也是爱情应有的态度，那也不能说不对。只要你认真评估价值、保持思考，相信一定会做出最适合自己的选择。

②经济独立

经济独立的爱情特别美好。用自己喜欢的方式花自己挣来的钱，用自己挣来的钱为爱情中的享乐埋单。这种关系很健康，这种生活很快乐，在这种爱情中，对个性的包容会显得更加彬彬有礼。

每一个人都应该为消除仇恨和歧视、追求平权而努力，在这一过程中要时刻谨记：权利与义务对等。

③不要把鸡蛋放在一个篮子里

享受爱情带来的甜美，但不要完全依赖爱情。爱情真的特别美好，但是！普遍来说，相对于亲情而言，爱情的稳固性不高；相对于事业而言，爱情的回报率不高；相对于追求自我价值而言，爱情的实用性不高。

谁都希望找到了真爱就能长长久久，最好还可以同生共死，可还是要强调：不要把所有鸡蛋都放在一个篮子里。

④保留自己的社交圈

有了爱情也别忽视了和这个世界继续交融。业余时间，和伴侣在一起度过当然是常态，但是除此之外，也应当留有更多的选择。和朋友们在一起欢乐是很重要，不仅可以给生活增添更多的惊喜和期待，也更加有助于保持心态健康。

爱情中的当事人是两个独立个体，在一起共同生活的人难免抵牾。如果这时候你依然留有可以给你安慰、能让你转移注意力的社交圈，有三五好友可以凑在一起聊天吐槽、娱乐散心，就可以让情绪平复下来，也是避免冲突升级的一个缓冲地带。但是如果你没有什么选择，只能待在家里，眼睛只能看到一个人，心里只能想着这一件事，而且全靠自己宽慰自己，自己想解决办法的话，虽然也可能会有好的结果，但总归是比较辛苦。

所以，虽然爱情来临时人们绝大多数的注意力都会被吸引过去——这件事朋友们都可以理解，但是"退烧"后也要记得及时和朋友们联络感情。友情也是宝贵的财富，不仅与爱情不相冲突，而且还对其有帮助。千万不要为了一段被你一时看好的爱情，放弃了长久经营积累的友情。

⑤求同存异

当观点不同时，既要允许对方有自己的理解，也要坚持你认定的看法，有些时候与其强求一致，不如各做各的。在爱情中，如果大事小情都能自然而然想到一起去，那当然是最完美的状态。但是如果没有那么顺利——现实生活中也很少见到百分百的一致，要记得强求来的并不是和谐，压抑迁就得太多，总会找别的出口爆发。互相尊重，求同存异，爱情鲜美平和又持久。

⑥新鲜感

平凡琐碎的生活虽然幸福，但如果长时间一成不变，就容易滋长出厌倦和怠慢的情绪，这是很自然的现象，与感情是否真切厚重没有关系。好歌连听一百遍也烦，好菜连吃一个月也腻，可见人的大脑需要替换和刺激。如果一个人在平凡生活中制造惊喜的能力强，和这样的人在一起无疑会更加快乐。不要懒得在这方面花心思，其实保持新鲜感在亲密关系中是很重要的。

除了一起外出旅行这样需要很多时间的大项目之外，还有很多每天下班之后就能做的小事，可以给平淡的爱情生活增添活力：比如，下班后两人先碰头，换一条不同的路线一起回家；负责做饭和刷碗的两人交换家务内容；两人都学习按摩技术，每天回家轮流享受；分别学习一项运动，在周末的时候给爱人做教练……

生活中只要有心，多和相爱的人在一起做快乐的事，几十年的时间一晃也就过去了。

12 微笑，
   把魅力写在脸上

在生活中，人们脸上的微笑，就是向人表示：我喜欢你，我和你在一起非常高兴！

有一家极具规模的百货公司里的一位人事部主任，谈到他雇人的标准时，他说他宁可雇用一个有可爱的微笑但学历一般的年轻人，也不愿意雇用一个冷若冰霜的高材生。

如果你希望别人用一副高兴、欢愉的神情来对待你，那么你自己必须先要用这样的神情去对别人。

古人有一句话说得好："笑开福来"。微笑因幸福而发，幸福伴喜悦而生，即"情动于中而形于外"。说话办事儿时，只要你时时超越自我情绪的困惑，就能保持轻松愉快的心境，你的面孔也会因此而涌起幸福的微笑，并感染他人。而且他人的微笑也反过来强化你的愉悦和微笑，形成你与他人之间人际关系的良性循环。这无疑会极大地促进你愉快的心情和你人际关系的发展，为你把事情办好铺下一块"基石"。

在适当的时候、恰当的场合，一个简单的微笑可以创造奇迹。一个简单的微笑可以使陷入僵局的事情豁然开朗。

用你的微笑去欢迎每一个你接触到的人，那么，你会很容易地成为一个会说话又会办事儿的、受欢迎的人。笑，它不花费什么，但却创造了许多奇迹。

即使你的微笑跟和善的态度没有得到回应，那你又能损失什么呢？也许那人心情不好，也许那人没有礼貌，也许是有什么误会，可是你主动呈现了微笑，不管怎么说症结也不在你，没有人会认为是你的问题。

有人做了一个有趣的实验，以证明微笑的魅力。两个模特儿分别戴上一模一样的面具，上面没有任何表情，然后问观众最喜欢哪一个人，答案几乎一样：一样，没什么喜欢不喜欢。因为那两个面具都没有表情，人们无从选择。然后再要求两个人把面具拿开，舞台上出现了两个不同的个性，两张不同的脸，其中一个人把手盘在胸前，愁眉不展并且一句话也不说，另一个人则面带微笑。再问观众："现在，你们比较喜欢哪一个模特儿？"答案也是一样：人们选择了那个面带微笑的模特儿。

这充分说明了微笑很受欢迎，微笑能拉近与生人之间的距离。有了微笑，办事就有了良好的开头。微笑永远不会使人失望，它只会使人受欢迎。不会微笑的人在办事中将处处感到艰难，这就是生活中真实的写照。

微笑能解决问题，这真的很实用，任何办事有经验的人都会明白这一点。用微笑先把自己推销出去，无疑是人生成功的法宝。

联合航空公司有一个世界纪录，那就是在1977年载运了最大数量的旅客，总人数是35566782人。联合航空公司宣称，他们的天空是一个友善的天空，微笑的天空。的确如此，他们的微笑不仅仅在天上，在地面便已开始了。

有一位叫珍妮的小姐去参加联合航空公司的招聘，当然她没有关系，也没有熟人，也没有先去打点，完全是凭着自己的本领去争取。她被聘用了，她有什么特别之处呢？那就是她脸上总带着微笑。

令珍妮惊讶的是，面试的时候，主试者在讲话时总是故意把身体转过去背着她。你不要误会这位主试者不懂礼貌，而是他在体会珍妮的微笑，感觉珍妮的微笑，因为珍妮的工作是通过电话工作的，是有关预约、取消、更换或确定飞机班次的事情。

那位主试者也微笑着对珍妮说："小姐，你被录取了，你最大的资本是你脸上的微笑，你要在将来的工作中充分运用它，让每一位顾客都能从电话中体会出你的微笑。"

微笑有如此广泛的应用，但是如果你觉得自己天生不善于微笑，那也可以在日常生活中加以锻炼。

在做微笑练习时，应注意总结一下微笑的特点：看看口腔开到什么程度为宜；嘴唇呈什么形态，圆的还是扁的；嘴角是平拉还是上提。选一个让你自己看上去觉得最舒服的微笑，参照着多做几次练习就可以了。要注意的是，打动人的微笑都搭配着适合的表情，所以不要只看到嘴部的线条，也要注意观察表情。

有些场合会需要笑容更明显一些，有些场合则是浅浅淡淡就很适宜。所以不要学那种教科书似的一成不变的微笑，那样标准化的微笑也不是特别能打动人。

微笑时容易出哪些毛病，又应该如何纠正呢？

（1）笑过头，嘴咧得太大。嘴咧得太大会给人一种傻乎乎的感觉。要不想变成傻笑，就要想法把嘴巴的开合度控制好。

（2）皮笑肉不笑，看上去让人觉得难受。当代心理学家根据最新研究成果已经找到了真笑和假笑的区别。如果你在交谈中能够以完全平等的态度对待对方，尊重对方的感情、人格和自尊心，那么你的微笑就是真诚的、美丽的，就具有强大的凝聚力。否则，你的微笑就是虚假的、丑陋的，你所能得到的也只能是逆反心理和离心力。

要想解决"皮笑肉不笑"的问题，首先必须解决根本态度的问题。根本态度端正了，"皮笑肉不笑"的问题也就迎刃而解了。这是区别真笑还是假笑的内在依据。

现在再介绍一下区别真笑和假笑的外在依据，或者说是生理依据。这就是当一个人在他发出真心微笑的时候，他眼球周围的环状眼肌就会将面额和额头的皮肤牵向眼球，这种笑是装不出来的。根据当代心理学家的研究表明：真诚的微笑牵动大脑的区域不同于假笑。

（3）微笑时大多是没有声音的，有也是浅浅的轻笑。如果用微笑配上不当的笑声，效果无疑不是尴尬就是诡异。

其实归根到底，能不能微笑地面对一切，仍旧是个态度问题。只要你能从内心深处端正自己的态度，养成乐观豁达的性格，你脸上的笑容自然不请自来。有了这样的笑容，说起话来，自然就会产生令人难以拒绝的魅力。

第六章
口吐莲花,人生"开挂"

会表达是一项强有力的生存技能。不管是在生活中还是工作中,也无论你是想要抓住机会还是化解尴尬,谁都希望自己能拥有"会表达"这个"万金油"。但是要想成为会说话的人,智商情商缺一不可,真的不是遇事前先在心里打好底稿就能实现的。"讷言敏行",其实这不过是在为了自己不善言辞、又不愿意花时间提升说话的技能而找的听上去很美的借口!和古时的"轻商贾"文化一样早已不适用了。与时俱进才是生存法则,当今社会,说与做皆定成败!谁都知道一个会说又会做的人跟一个只会做不会说的人,哪个人更容易成功,所以别迷信这种看上去很朴实但实际上很坑人的处世态度了。好口才决不是夸夸其谈,如果能掌握说话的艺术,即使你再相貌平平,也会吸引来众多赞赏的目光。

01 优雅的言行，
　　让人向往

在社交场合，如能适当使用优雅的语言来表达思想，展现自己的独特个性，就能吸引他人的目光。

一个人打扮得再精致华贵，但不懂得如何让自己的言谈举止得体优雅，就难免给人留下徒有其表的印象。因此，全面提高自己的个人修养，使自己更幽默有趣，熟悉谈话的礼仪，是学习社交的重要一课。

文雅的谈吐是学问、修养、聪明、才智的流露，是气质的来源之一。要使自己的言谈举止更具个性气质，让人感觉随和亲切、平易近人，肢体语言也需要多加注意和练习。

在与人交谈时，说话语气应始终保持音色柔和，语速适度。另外还要注意以下几点：

忌突然打断他人的谈话或抢别人的话头，扰乱别人的思路。

忌像倾泻炮弹一样连续发问，让人觉得你过分热情和要求太高，

第六章
口吐莲花，人生"开挂"

难以应付。

忌对待他人的提问漫不经心，言谈空洞，使人感到你不能为对方的困难助一臂之力。

忌由于自己注意力分散，迫使别人重复谈过的话题。

忌经常向别人诉苦，但对别人漠不关心。

忌经常絮絮叨叨地谈论一些鸡毛蒜皮的琐事，单调乏味。

忌反应过激，语气浮夸，满口粗话。

忌过分强调自我为中心，不理会别人的感受和反应，自说自话上演独角戏。

忌热衷于取悦别人，曲意逢迎，以图博得别人的好感。

在公共场所，应精神饱满地与人交往，和蔼可亲地微笑，与人分享你的热情。站、坐、行是内在修养的外部表现形式：

站着的时候，要注意你站的位置，不要给他人带来不便。

提手袋的时候，将手袋轮来轮去，会有轻浮、幼稚的感觉。

在街上行走的时候，不要歪着头，不要晃肩甩臂。如果是与人同行，并排而行有可能会影响到别人通过。

弯腰的时候，除非是有意暗示，不要把腰弯下屁股翘得高高的，应把两膝适量弯曲而蹲下。

握手的时候，和善地望着对方的眼睛，身体微微前倾，右手自然地轻握对方的手片刻。如果手上有东西，不要挂在肘弯，而要用左手拿住。

坐下的时候，背部要伸直，轻松而自然，背轻靠在椅背上。遇到坐面很深的沙发，则尽量往里坐，但以小腿能安定（不易摇摆）为原则。

在中国的大多地方，公共场所不可随便把鞋子脱下。

站起来的瞬间，如果是拜访朋友，在离开的时候，不要突然像弹簧似的一跃而起。站起之前，先将右手轻轻地扶住椅把，一只脚向后收，身体向前微微起立，让主人在视觉上接受到你要站起来的预告。

去人家做客时，切忌在门口东张西望，或入室后随意动这动那。

想要保持高雅的姿态，那种在人面前抓耳挠腮、颠腿抠手等表示心神不定或者心不在焉的小动作，都应该尽量避免。

说一个人的个性"成熟"，其特征之一，便是面对他人的批评或中伤，均能以冷静的态度应对。这是任何一个想给人好印象的人非学习不可的要点，同时也是非常不易做到的事。因为恶毒的语言就像伤人的毒箭，人受到攻击，下意识的反应就会加以辩驳，甚至向对方反唇相讥，这时也就很难维持优雅的谈吐了。

一个有素养的人会坦率地承认自己的过错，以道歉代替反驳。当人的品格愈高尚，愈富于魅力时，背后指责的人也就越少；相反，倘若懒散成性，行为也不检点，受人非议也就成了家常便饭一般了。

02 语言尖刻，伤人伤己

一个人的交际能力的水平完全可以从谈话中体现出来。如果你在这上面有所欠缺，最好是少开口为妙，说了他人不爱听的话等于自讨没趣，再一不小心伤了别人的自尊，那麻烦就更大了。

古人言："片言之误，可以启万口之讥。"所以，越是在关系复杂的场合，越是说话宜少不宜多，不要想到哪儿说到哪儿，话要出口以前，先得想想。替听你说话的人想想，不至于冒犯到对方，再说出口，容易引起误会的话，还是不说话为妙。不要为了说话而说话，如果你开口，要清楚自己想说什么。老生常谈，一说再说，谁也不愿意听；跟谈话现场的气氛不相符的话，也最好先收起来；与倾听者毫无关系的事情，只有你自己感兴趣，说出来也是尴尬；与倾听者有利害冲突的话，如果没有足够的把握和理由，不要轻易尝试；超出倾听者程度的炫耀式谈话，一次也不该有；事关他人的创伤和隐私，那就不是好谈资；然而最不该说的，就是尖锐锋利、伤及他人尊严的话了。

说话所起的反应，可有几种，第一种是有隽永之味，第二种是有甜蜜之味，第三种是有辛辣之味，第四种是有爽脆之味，第五种是有新奇之味，第六种是有苦涩之味，第七种是有寒酸之味，而最坏的反应，则是创痛之味。谈言微中，令人回味，对方自发生隽永的反应；热情洋溢，句句打入心坎，对方自发生甜蜜的反应；激昂慷慨，言人所不敢言，对方自发生辛辣的反应；知无不言，言无不尽，对方自发生爽脆的反应；"好为无端崖之辞"，对方自发生新奇的反应；陈义晦塞、言辞拙讷，对方自发生苦涩的反应；一味诉苦，到处乞怜，对方自发生寒酸的反应；好放利箭，伤人为快，伤人越甚，越以为快，对方自发生创痛的反应。能得隽永反应者为上，能得甜蜜反应者为次，能得爽脆反应者又次，能得辛辣反应者再次，得到新奇的反应，苦涩的反应，寒酸的反应的话都是下等，而得到创痛反应的话，就更是大反人情了。

但是说尖刻话的人，未尝不自知其伤人，而乃以伤人为快，这是什么道理？这完全是心理的病态，而心理之所以有此病态，也自有其根源，是后天性的，不是先天性的。换句话说，这是环境逼他走入歧途。

如果你的身上有这样的毛病，你一定明白这种病的危险，不去医好，结果必是众叛亲离，不要说在社会上只有失败不会成功，即使在家庭中，亲如父兄妻子，也无法水乳交融。不过父兄妻子，关系太密切，即使无法容忍，仍会宽容以待，社会上的人就绝不会对你这么宽厚。必然以眼还眼，以牙还牙，总有一天，你会成为大众的箭靶子。所以说话尖刻，足以伤人情，伤人情的最后结果，却是伤了自己。

第六章
口吐莲花，人生"开挂"

人都有不平之气，对方的说话，你觉得不入耳，不妨充耳不闻；对方的行为，你觉得不顺眼，只要没有危害到你或者别人，就应当视而不见；如果你坚持一定要报以尖刻的话，就要有承受反作用力的心理准备。

03 友善做人，左右逢源

温和、友善的态度对于改变一个人的心念，往往比咆哮和猛烈地攻击更为奏效。因为在友善中，你可以发现，任何事情都没有想象的那么难以应付。

有时候，一些难以应付的人或事，会在友善中变得温和起来。

不管在哪一种情况下，创造与保持友善信任的说话氛围都会易于交流思想，对事物的看法就易于达成一致，行为也容易协调。比如通过先抑后扬，先肯定优点，再谈出现的问题，这样的说话顺序，就有利于减少对方的抵触与反感了。如果让对方能够感受到你的善意，沟通气氛和谐，对方便更容易冷静地接受你的意见了。

S先生是一个租户，他希望房东能减低房租，但房东是个铁面无情的人，很难说动。于是，他便给房东写了一封信，告诉他，等租约一到他就搬出去。而事实上，他并不想搬家，只是想降低房租。其他房客都试

第六章
口吐莲花，人生"开挂"

过，但都没有成功。他们还告诉S先生，说房东很难对付，要特别小心。

房东收到信后，去找了S先生。S和房东热诚地交谈，没有提房租高的事，只告诉他自己十分喜欢这间房子，然后继续恭维他很会管理这里。再告诉他，如果不是付不起房租，他很愿意再多住一年。房东从未遇到过这样的房客，一时不知该如何是好。房东说，他的房客们总是抱怨。他收到过许多房客的来信，其中还有人在信中侮辱他。他说，像S这样的房客，真让他松口气。

后来，S先生没有要求，房东便自动将房租减少了一些。并且还问他，房子是否还需要装修。

温和、友善的态度更能让人改变心意。亲和的态度，容易消减人与人之间的隔膜。

玛丽·凯公司是一家知名的化妆品公司。为了扩大自己公司产品的影响，玛丽·凯女士自己用的化妆品都是自己公司生产的。她也不建议公司职员使用其他公司的化妆品。因为她不能理解凯迪拉克轿车的推销员开着福特轿车四处游说，或者人寿保险公司的经理自己不参加保险。那么，她是怎样同职员交流这一想法的呢？

有一次，她发现一位经理正在使用另外一家公司生产的粉盒及唇膏。她借机走到那位经理桌旁，微笑地说道："老天爷，你在干吗？你不会是在公司里使用其他公司的产品吧？"她的口气十分轻松，脸上洋溢着微笑。那位经理的脸微微地红了。几天后，玛丽·凯送给那位经理一套公司的口红和眼影膏并对她说："如果在使用过程中觉得有什么不适，欢迎你及时告诉我。先谢谢你了。"再后来，公司所有的新老员工都有了一整套本公司生产的适合自己的化妆品和护肤品。玛丽·凯女士亲自做了详细的示范。她还告诉员工，以后员工在购买公司的化妆品时可以打折。

玛丽·凯亲和的态度，友善的口语表达，使她自然地与员工打成一片，成功地灌输了她正确的经营理念。

友善就是这样，它是人们说话时一种很好的态度。这种态度的优点易于消减人与人之间的隔膜，进而使传达者有效地把自己的思想传递给被传达者。

我们可以把友善比作盛装佳肴的器具，而把我们所要表达给别人的思想比作佳肴。如果这器具是脏兮兮且令人讨厌的，恐怕也不会有人愿意品尝盛在其中的佳肴。

爱默生所言：人生最美丽的补偿之一，就是人们真诚地帮助了别人之后，同时也帮助了自己。对别人友善就是对自己友善。有首歌唱得好：只要人人都献出一点爱，世界将变成美好的人间。愿我们都能友善待人，献出自己纯洁无私的爱，让我们在生活中多一些友善，少一些冷漠，用友善唤醒沉睡的良知，让温暖与微笑时刻充斥着我们共同建造的美丽家园。

第六章
口吐莲花，人生"开挂"

04 说话，
　　要为对方着想

俗话说："人心都是肉长的。"即使是看似冷漠的人，也一样会被感动，只要你能把话说到他的心坎上。

有这样一个女人，她以她非凡的口才和感召力，改写了近代欧洲的历史。她就是拿破仑初恋的情人欧仁尼·克莱雷。

1815年6月18日，拿破仑兵败滑铁卢之后，反法联军对法国临时政府发出了最后通牒："停止抵抗，拿破仑离开法国，否则将血洗巴黎。"法国临时政府同意了这一要求，但一代枭雄拿破仑却决心孤注一掷，再次与反法联军决一死战。

巴黎处在危急之中，有人突然想起了欧仁尼·克莱雷，认为让她出面说服拿破仑也许能挽救危机。当年由于政治的需要，拿破仑放弃了纯真的爱情，与有着政治背景的约瑟芬结为夫妻，曾使年轻的欧仁尼·克莱雷痛不欲生。正当她欲跳进塞纳河自尽之时，拿破仑手下的大元帅贝纳多救了她，并与她结了婚。但实际上，拿破仑对她一直怀有深深的爱恋之情。

当欧仁尼·克莱雷出现在拿破仑面前时，人事沧桑，今非昔比的感慨深深刺痛了拿破仑高傲自负的心。欧仁尼·克莱雷看着怆然的拿破仑，没有用激烈的言词去刺痛他，而是与他一起回忆当年充满温情的甜蜜岁月，终于使得拿破仑早已泯灭的热爱和平的愿望重又出现，而一切不合实际的狂热妄想在欧仁尼·克莱雷的宽容大度面前彻底地冷却下来！他拔出了在滑铁卢战役中使用的战剑，交给欧仁尼·克莱雷，表示投降了。

像拿破仑这种叱咤风云的人物，都会被说在心坎上的话摧垮，更何况其他人了。

在生活中，如果想要劝说一个人，促成一件事情按照自己的意愿继续发展。那么，晓之以情动之以理，是最常用的沟通方式。怎样讲情会取得更好的效果呢？那就是把话说到对方心里，让对方产生想通的情感。

在美国经济大萧条时期，有一位年轻的姑娘好不容易才找到一份在高级珠宝店当售货员的工作。在圣诞节的前一天，店里来了一位30岁左右的贫民顾客，他衣衫褴褛，一脸的悲哀、愤怒，他用一种不可企及的目光，盯着那些高级首饰。

姑娘要去接电话，一不小心，把一个碟子碰翻，6枚精美绝伦的金戒指落到地上，她慌忙捡起其中的5枚，但第六枚怎么也找不着。这时，她看到那个30岁左右的男子正向门口走去，顿时，她醒悟到了戒指可能会在哪儿。当男子的手将要触及门柄时，姑娘柔声叫道："对不起，先生！"

第六章
口吐莲花，人生"开挂"

那男子转过身来，两人相视无言，足足有一分钟。

"什么事？"他问，脸上的肌肉在抽搐。

"什么事？"他再次问道。

"先生，这是我头回工作，现在找个事儿做很难，是不是？"姑娘神色黯然地说。

男子长久地审视着她，终于，一丝柔和的微笑浮现在脸上。

"是的，的确如此。"他回答，"但是我能肯定，你在这里会干得不错。"

停了一下，他向前一步，把手伸给她："我可以为您祝福吗？"

他转过身，慢慢地走向门口。姑娘目送着他的身影消失在门外，转身走向柜台，把手中握着的第6枚戒指放回了原处。

这位姑娘成功地要回被顾客拾去的第6枚戒指，关键是她在尊重谅解对方的前提下，以"同是天涯沦落人"这样凄苦的语境博得了对方的真切同情。"这是我头回工作，现在找个事儿做很难。"这句真诚朴实的表白，却饱含着惧怕失去工作的痛苦之情，也饱含着恳请对方怜悯的求助之意，终于感动了对方，对方也巧妙地交还了戒指。试想，如果呵责怒骂，甚至叫来警察，即使能够找回戒指，也会使两个人的尊严都受到伤害。

因此，在说话的时候，一定要有分寸，尽量运用语言所产生巨大的力量，在对方的心里激起波澜，彻底打动对方，以助自己成功办事。

05 话留三分余地，才能进退自如

我们在与人交谈的过程中，千万不要把话说得过于绝，因为话说出口之后就不再受你控制，是很难收回的。

举一个简单的例子，比如人家问你"乌鸦是什么颜色的啊？"如果凭借见过几只黑鸟的有限经验而武断地回答："乌鸦嘛，绝对是黑色的！"，这就是把话说绝了，如果回答"天下乌鸦一般黑"就给自己留了后路。假如人家大白天里看到灰色的，棕色的甚至白色的乌鸦了，跑来反驳你："你看，这乌鸦不是黑色的！你还有什么好说的？"你仍然可以脸不红心不跳，笑嘻嘻地说："我说的是天下的乌鸦一般是黑的。'天下乌鸦一般黑'嘛。您这是找到特例了呀。"

如此，别人的反驳和刁难无可施展，这是含糊说话的技巧所在。只要条件允许，就不要把话说绝了，所谓"话到嘴边留三分"，说话要留有余地，不能把话说死，才能进退自如。

第六章
口吐莲花，人生"开挂"

某地一家国有企业曾经有一批"请调大军"，对此，新来的厂长并没有大惊小怪，更没有埋怨指责，面对几百名"请调大军"，她发出肺腑之言："咱们厂是有很多困难，我也怵头。但领导让我来，我想试一试，希望大家给我半年时间，如果半年后咱厂还是那个样，我辞职，咱们一块儿走！"

这些话语没有高调，朴实无华，既是人格的表现，又是模糊语言的恰当运用。厂长没有坚定地表示决心，而是"我也怵头"；她没有把话说绝，而是"我想试一试"；也没有正面阻止调动，而恰恰相反，"如果半年后，咱厂还是那个样，我辞职，咱们一块儿走"。当然，谁也不会相信，哪个厂长真的就是过来"试一试就走"的。相反，人们正是从她那入情入理、心底坦荡的语言中感到了力量，看到了希望。结果，这个工厂像是一个得了狂躁病的人吃了镇静剂那样恢复了平静，一心要干下去的人增强了信心，失去了信心的人振作了精神。模糊语言在这里发挥了神奇的作用。

所以说话留余地是一种为人处世的高明策略。要做到这一点其实也不难，这里面有个技巧，就是妙用含糊措辞。

含糊措辞是运用不确定的、或不精确的语言进行交际的方法。在公关语言中运用适当的含糊，这是一种必不可少的艺术。办事需要语词的模糊性，这听起来似乎是很奇怪的。但是，假如我们通过约定的方法完全消除了语词的模糊性，那么，就会使我们的语言变得太过严谨，使它的交际和表达的作用受到更严格的限定。

模糊的语言一语双关，含不尽之意在语言外，在这种场合，成了沟通思想而又不致引起矛盾的实用方法。我们在平时的交际中，常常用"如果时间允许"来回答朋友们热情的邀请，"如果时间允许"，就是模糊语言，它既显得彬彬有礼、十分中肯，又给我们自己赢得了一个回旋的余地。试想若用"不能去"或"马上就去"等非常确定的语言来回答，其效果都不会理想。直接拒绝说"不能去"有点不近人情，说"马上就去"可是事后如果没有时间去，失约又会影响感情。这就是外交上经常会用到的技巧"弹性外交"策略，用到平时的交际中也有非常好的效果。

与人沟通时，要对事不对人，并且不要陷入"非此即彼"的思维陷阱，沟通是在寻求两个对立极端的中间状态，使其真正能够解决现实问题。彻底抛弃"违反辩证法的极端观念。

例如：某经理在给员工作报告时说："我们企业内绝大多数的青年是好学、要求上进的。"这里的"绝大多数"是一个尽量接近被反映对象的模糊判断，是主观对客观的一种认识，而这种认识往往带来很大的模糊性。因此，用含糊语言"绝大多数"比用精确的数学形式的适应性强。越是复杂的关系往往就越需要含糊语言，很明显就肯在外交关系中：如"由于众所周知的原因"，"不受欢迎的人"等等。究竟是什么原因，为什么不受欢迎，其具体内容，不受欢迎的程度，均是模糊的。

平时，你要求别人到办公室找一个他所不认识的人，你只需要用模糊语言说明那个人矮个儿、瘦瘦的、高鼻梁、大耳朵，便不难找到了。倘若你具体地说出他的身高、腰围精确尺寸，倒反而很难找到这个人。因此，我们放弃这样一种观念：把话说得越准确就越好。

关于含糊这个问题，经过大量的实践和总结，得出了以下两个含糊措辞的方法，大家不妨实际生活和工作当中运用一下，或许会对你有所帮助。

（1）宽泛式含糊法

宽泛式含糊法，是用含义宽泛、富有弹性的语言传递主要信息的方法。例如：

现代文学大师钱钟书先生，是个自甘寂寞的人。居家耕读，闭门谢客，最怕被人宣传，尤其不愿在报刊、电视中扬名露面。他的《围城》再版以来，又拍成了电视剧在国内外引起轰动。不少新闻机构的记者，都想约见采访他，均被钱老执意谢绝了。一天，一位英国女士，好不容易打通了钱老家的电话，恳请让她登门拜见钱老。钱老一再婉言谢绝没有效果，他就妙语惊人地对英国女士说："假如你看了《围城》像吃了一只鸡蛋，觉得不错，何必要认识那个下蛋的母鸡呢？"洋女士只好放弃了采访打算。

钱先生的回话，虽明确拒绝又不显生硬，后续两句"吃了一只鸡蛋觉得不错"和"何必要认识那个下蛋的母鸡呢？"使用借喻，从语言效果上达到了"一石三鸟"的效果：其一，是属于语义宽泛，富有弹性的模糊语言，给听话人以寻思悟理的伸缩余地；其二，是与外宾女士交际中，不宜直接明拒，采用宽泛含蓄的语言，尤显得有礼有节；其三，更反映了钱先生超脱盛名之累、自比"母鸡"的这种谦逊淳朴的人格之美。一言既出，不仅无懈可击，且又引人领悟话语中的深意，格外令人敬仰钱老的道德与大家风范。

（2）回避式含糊法

回避式含糊法，是根据某种场合的需要，巧妙地避开确指性内容的方法。

在涉外接待活动时，每当与外宾交谈会话中，遇到"难点"就应巧妙回避转移。

1962年，中国在自己的领空击落美国高空侦察机后，在记者招待会上，有记者突然问外交部长陈毅："请问中国是用什么武器打下U-2型高空侦察机的？"这个问题涉及国家机密，当然不能说，更不能乱说。但对记者的提问，又不能不答。于是陈毅来了个闪避："嗨，我们是用竹竿把它捅下来的呀！"用竹竿当然不可能捅下来，但大家都心照不宣，哈哈大笑一阵便罢了。

不管怎样，含糊的措辞也是实际表达中需要的，常用于不必要、不可能或不便于把话说得太实太绝的情况，这时就要求助于表意上具有"弹性"的委婉、含糊措辞，一方面是为了给自己留条后路，另一方面，这也是避祸、解围屡试不爽的绝招。尤其是行走职场，这一招一定要学会。

06 争论的结果，
　　 往往事与愿违

　　被尊为圣贤的老子曾说过这样一句话"不争而善胜"，通俗地讲，就是避免争论是在争论中获胜的唯一秘诀。当然，这并不是主张唯唯诺诺、低三下四，在有的时候、有些场合，一个人应该为自己确信的真理和主张去和反对者争论，辩别是非。这种争论，有时还会发展到很激烈的程度。

　　但是，在一般交谈的场合，却要极力避免和别人争论，因为交谈的主要目的是促进彼此的了解，增进双方的友谊，是一种社交性的活动。一争论起来就很容易伤感情，和原来的目的背道而驰了。为了一些不痛不痒的小问题，就与人争得面红耳赤，毕竟是一件有失大雅的事。如果要做到既不必随声附和别人的意见，又避免和别人争论，究竟有没有两全的办法呢？

　　答案是肯定的。

（1）尽量了解别人的观点

在许多场合，争论的发生多半由于大家只看重自己这方面的理由，而对别人的看法没有好好地去研究，去了解。如果我们能够从对方的立脚点去看事情，尝试着去了解对方的观点，认识到为什么别人会这样说、这样想。如此，一方面使我们自己看事情的时候会比较全面；另一方面也可以看到对方的看法也是自有道理。即使你仍然不同意他的看法，但也不至于完全抹杀他的理由，那么自己的态度就可以比较客观一点，自己的主张就可以公允一点，发生争论的可能性就比较地少了。

同时，如果你能把握住对方的观点，并用它来说明你的意见，那么，对方就容易接受得多，而你对其观点的批评也会中肯得多。而且，对方一旦知道你肯细心地体会他的真意，对你的印象也就会比较好，也许就会尝试着，也来了解你的看法。

（2）对方的言论，你所同意的部分，尽量先加以肯定，并且向对方明确地表示出来

一般人常犯的错误就是过分强调双方观点的差异，而忽视了可以相通之处。所以，我们常常看到双方为了一个细枝末节的小差别争论得非常激烈，好像彼此的主张没有丝毫相同之处似的，这实在是一个不智之举，不但浪费许多不必要的精力与时间，而且使双方的观点更难沟通，更难得到一致的或相近的结论。

解决的办法是，先强调双方观点相同或近似的地方，在此基础上，再进一步去求同存异。我们的目的是在交谈中使双方的观点更接近，双方的了解更深。

即使你所同意的仅是对方言论中的一部分，只要你肯坦诚地指出，也会因此营造比较融洽的气氛交谈，而这种气氛，是能够帮助交谈

发展，增进双方的了解的。

（3）双方发生意见分歧时，你要尽量保持冷静

通常，争论多半是双方共同引起的，你一言我一语，互相刺激，互相影响，结果就火气越来越大，情感激动，头脑也不清醒了。如果有一方能够始终保持清醒的头脑和平静的情绪，那么，就不至于争吵起来。

但也有的时候，你会遇见一些非常喜欢跟别人争论的人，尤其是他们横蛮的态度和无理的言词常常使一个脾气很好的人都会失去耐心。在这种时候，如果你仍然能够不慌不忙，不急不躁，不气不恼的，将会使你可以能够跟那些最不容易合作的人好好地进行有益的交谈。

（4）永远准备承认自己的错误

坚持错误是容易引起争论的原因之一。只要有一方在发现自己的错误时，立即加以承认，那么，任何争论都容易解决，而大家在一起互相讨论，也将是一桩非常令人愉快的事情。在我们谈话的时候，我们不能对别人要求太高，但却不妨以身作则，发现自己有错误的时候，就立刻爽快地加以承认。这种行为，这种风度，不但给予别人很好的印象，而且还会把谈话与讨论带着向前跨进一大步，使双方在一种愉快的心情之中交换意见与研究问题。

（5）不要直接指出别人的错误

老一辈的人常常规劝我们不要指出别人的错误，说这样做会得罪人，是非常不智的。然而，如果在讨论问题的时候，不去把别人的错误指出来，岂不是使交谈变成一种虚伪做作的行为了么？那么，意见的讨论，思想的交流，岂不是都成为根本没有必要的行为了么？

诚然，指出别人的错误的确是一件困难的事，不但会打击他的自尊和自信，而且还会妨碍交谈的进行，影响双方的友情。

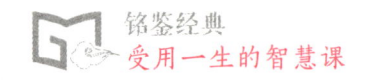

那么，究竟有没有两全之道呢？

你可以尝试用以下的方法：

首先，你不必直接指出对方的错误，但却要设法使对方发现自己的错误。在日常生活中，大家交谈的时候，并不是每一个人都能够始终保持清醒的头脑和平静的情绪，有许多人都有一种感情用事的毛病。即使那些自己很愿意跟别人心平气和地讨论问题的人，有时也不免受自己的情绪支配，在自己的思考与推论中，掺进一些不合理的成分。如果你把这些成分直截了当地指出来，往往使对方的思想一时转不过来，或是情绪上受了影响，感到懊恼异常。或者引起他的恶意的反攻，或者使他尽力维护他的弱点，这都对交谈的顺利进行十分不利。

但如果在发现对方推论错误的时候，先能按耐住自己内心的焦躁，用一种温和的语调陈述你自己的看法，指出逻辑的缺失，使他能够自己发现你的推论更有道理。在这种情形下，即使对方不愿意马上承认，至少也可以尽量避免开让沟通变成争吵。

很多人都有这种认识：一个人免不了会看错事情，想错事情，假使他们能够自己发觉错误所在，他们就会自动地加以纠正。但是如果被人不客气地当众指出来，他们就要尽力去掩饰、否认、争执，因此为了避免使他们情绪激动，我们就不去直接批评他的错误，不必逼他当着众人的面说："是我错了"，或者"是你对了"，有这样肚量的人毕竟是少数。而那些一看到别人犯了一点错误，就要把它死盯住不放，还加以宣扬，自鸣得意地让对方为难，这是一种幼稚的举动，是一种幸灾乐祸的态度，不是一种对人友好，与人为善的做法。

要改变一个人的看法和主张，并不是一朝一夕就可以成功的。所以，不但不能心急地去使别人接受我们的意见，反而更要争取长期和别人互相交谈的机会,这样才能逐渐把握对方的思想动态,达到最终的目的。

让我们从心平气和地讨论中,逐渐把正确的真理,传播到朋友们的心中脑中。

07 学会找话题，谈话更顺利

俗话说："酒逢知己千杯少，话不投机半句多。"说话要开动脑筋，注意观察，迅速找到对方感兴趣的话题，以此作为一种契机，与对方进行和谐投机的谈话。

例如，有一位记者去采访一位科学家，到了科学家那儿，记者看到墙上挂着几张风景照，于是就谈起了构图呀，色调呀，原来这位科学家爱好摄影，他兴致勃勃地拿出了他的相册，谈话气氛非常融洽。正是由于这种气氛，使后面的正题采访进行得非常顺利。

还有一位记者，去采访一位教师，行前有人说这位教师很倔，说不好三言两语就把人打发了。这位记者到学校后，这位教师正在跟传达室的人发脾气。记者一听到说话的口音，心里暗暗高兴，原来是自己的老乡。后来，交谈就从家乡谈起，越谈越热乎，这一段题外话也为正题做了很好的铺垫。

第六章
口吐莲花，人生"开挂"

有经验的记者能通过观察和分析谈话对象，迅速地找到一个可以引起双方话题的共同点，打破那种不知从何谈起的冷落场面。

这就是会说话在生活中给人带来的便利之一。在交谈中要学会没话找话的本领。所谓"找话"就是"找到话题"。写文章，有个好题目，往往会文思泉涌，一挥而就；交谈，有了好话题，就能使谈话融洽自如。好话题，是初步交谈的媒介、深入细谈的基础、纵情畅谈的开端。好话题的标准是：至少有一方熟悉，能谈；大家感兴趣，爱谈；有展开探讨的余地，好谈。

那么，怎么才能找到对方感兴趣的话题呢？我们教你几招这方面的谈话策略。

（1）中心开花

当你面对众多的陌生人，要选择众人关心的事件为话题，把话题对准大众的兴奋中心。这类话题必须是大家想谈、爱谈、又能谈的，人人有话，自然能说个不停了，以至引起许多人的议论和发言，导致"语花"飞溅。

（2）借兴引入

巧妙地借用彼时、彼地、彼人的某些材料为题，借此引发交谈。有人善于借助对方的姓名、籍贯、年龄、服饰、居室等等，即兴引出话题，常常会取得好的效果。"即兴引入"法的优点是灵活自然，就地取材，其关键是要思维敏捷，能作由此及彼的联想。

（3）投石问路

向河水中投块石子，探明水的深浅再前进，就能有把握地过河；与陌生人交谈，先提一些"投石"式的问题，在略有了解后再有目的地交谈，便能谈得更为自如。如在聚会时见到陌生的邻座，便可先"投石"询问："你和主人是老乡呢？还是老同学？"无论问话的前半句对，还是后半句对，都可循着对的一方面交谈下去；如果问得都不对，对方回答说是"老同事"，那也可谈下去了。

（4）循趣入题

问明陌生人的兴趣，循趣发问，能顺利地进入话题。如对方喜爱象棋，便可以此为话题，谈下棋的情趣，车、马、炮的运用，等等。如果你对下棋略通一二，那肯定谈得投机。如你对下棋不太了解，那也正是个学习机会，可静心倾听，适时提问，借此大开眼界。

引发话题方法很多，诸如"借事生题"法、"即景出题"法、"由情入题"法，等等。可巧妙地从某事、某景、某种情感，引发一番议论。引发话题，类似"抽线头"、"插路标"，重点在引，目的在导出对方的话茬儿。

（5）缩短距离

托陌生人办事时，必须在缩短距离上下工夫，力求在短时间内了解得多些，缩短彼此的距离，力求在感情上融洽起来。孔子说："道不同，不相为谋。"志同道合，才能谈得拢。我国多有"一见如故"的美谈。陌生人要能谈得投机，要在"故"字上做文章，变"生"为"故"。这也有不少方法：

第一，适时切入。看准情势，不放过应当说话的机会，适时插入交谈，适时地"自我表现"，能让对方充分了解自己。

交谈是双边活动，只了解对方，不让对方了解自己，同样难以深谈。陌生人如能从你"入"式的谈话中获取教益，双方会更亲近。适时切入，能把你的知识主动有效地献给对方，实际上符合"互补"原则，奠定了"情投意合"的基础。

第二，借用媒介。寻找自己与陌生人之间的媒介物，以此找出共同语言，缩短双方距离。如见一位陌生人手里拿着一件什么东西，可问："这是什么？……看来你在这方面一定是个行家。正巧我有个问题想向你请教。"对别人的一切显出浓厚兴趣，通过媒介物引发他们表露自我，交谈也会顺利进行。

第三，留有余地。留些空缺让对方接口，使对方感到双方的心是相通的，交谈是和谐的，进而缩短距离。因此，和陌生人的交谈，千万不要把话讲完，把自己的观点讲死，而应是虚怀若谷，欢迎探讨。

总之，在办事的时候，我们难免会遇到一些僵局，要想顺利解决事情，就应该善于打破一切僵局。

08 沟通的方式要灵活

生活中经常会有这样的情况，同样一句话，你对甲说，甲肯全神贯注地听；你对乙说，乙却顾左右而言他。或者是对同一个人，你这时候说，他乐于接受，换个时候说，就觉得不耐烦。所以交谈的对象和时机，都会影响到交谈的效果。

要向对方说话，应该注意什么时候最适宜。对方正在工作紧张的时候，不要去说话；对方正在焦急的时候，不要去说话；对方神游天外的时候，不要去说话；对方正在放浪形骸的时候，也不要去说话；对方怒不可遏的时候，更不要去说话；对方痛不欲生的时候，沉默陪伴也胜于说话。有上述几种情形，你去说话，很难起到好的效果，不但说话的目的达不到，就算是遭冷遇、受申诉也是意料中的事。

你有得意的事，就该与得意的人谈，你有失意的事，应该和失意的人谈。和失意的人谈你得意的事，那不但是不知趣，简直是挖苦、讥

第六章
口吐莲花，人生"开挂"

讽他，他的心情可能更坏，对你的感情没准也会疏远。和得意的人谈你失意的事，他顶多与你作表面地应付，很难有耐心去真正体谅你。有时还可能引起误会，以为你是要请他帮助，继而引发本不该有的尴尬。

话冲着对的人说，不要把谁都当是好友可以随意倾诉，我们生活中接触到的大多数人，可以说"认识"，可以说"熟悉"，可以在特定场合说是"朋友"，但是这些人不等于是你可以倾诉分享的好友，关于这一点，自己的心里一定要有数。

如果是冲着不那么合适的人说话，年轻人又涵养功夫不够，稍有得意的事，便逢人就说且自鸣得意，结果招人骂你器小易盈，笑你沾沾自喜，无意中还会惹起别人的妒忌。偶有不如意使你觉得满腹牢骚，如有骨鲠在喉，不免逢人就诉，结果惹人讨厌，说你毫无耐性，甚至笑你活该。这样的伤害确是这个世界加给你的，换个角度看，也可以说是自己迎上去的。

那么，怎样才能恰到好处地掌握因人而异的说话技巧呢？

首先，定位好你和你想与之交谈的人是什么关系。你们是"认识"还是"好友"？是"同事"还是"发小"？然后换位思考一下，如果是这个人想要跟你交谈，你会是什么态度？你愿意花多少时间？说私事的话是否很有兴趣听？

其次，必须注意对方的心境特征。如果可以，最好先了解对方的一些经历情况和生活状况。思维方式的不相同，观点差异就较多。

如果在交谈当中，不顾对方的心理变化，而一味地将想法统统搬出来，那么，你是得不到他的认同的。一厢情愿的谈话往往会让对方厌恶。

最后，必须考虑到对方的反应。前不久，有位外国旅游者在旅华期间自杀了，为了减少话语的刺激性，经再三推敲，最后在死亡报告书上回避了"自杀"两字，而用了"从高处自行坠落"这一委婉语。在中国北方，老人故世了，以"老了"讳饰，老干部故世了，以"见马克思去了"讳饰，类似的有不下几十个同义讳饰词语。再如，生活中对跛脚老人，说"您老腿脚不利索"；对妇女怀孕说"有喜"。总之，在语言交流中讲究讳饰，也就是"矮子面前莫说矮"，应做到"哪壶不开就别提哪壶"。再如，长途汽车停车路边，让旅客如厕以"让各位方便一下"来避讳，用餐时需上厕所，一般以去"洗手间"来避讳。在社交场合用这些讳饰式的委婉语，不至于太煞风景。

另外，也可以用曲折含蓄的语言和商洽的语气表达自己的看法。

总而言之，说话时，先要看准对象，他是愿意和你说话的人吗？如果所遇非人，还是不说为好；这是该说话的时候吗？如果时候不对，还是不说话的好。说话的成功与失败，诚然与你的说话技术有关，而是否得其人得其时，也与你说话的成败有很大的关系。多说话，别人未必当你是能干，少说话，也不见得就把你当呆子。

再有，掌握因人而异的说话技巧，很重要的一点就是，根据不同的人要用不同的措辞。

这也是语言的技巧问题。

有关措辞的使用，对于上级或不太亲近的人，要用敬语，对带亲近的人就要用亲昵、有温度的语言。

也就是说，如果对任何一种人都用同样的措辞、同样的口气说话，语言的力量就会大打折扣。如果你对一个人客气恭敬的说话，对方的反映是"居然跟我这么客气，这还算是朋友吗？"或是"你为什么说这样见外的话呢？我们交往了多年，这不是不把我当朋友吗！"

这有可能是你在人家心里的分量，比你以为的要重。这时候即使一时难以分清人情的虚实，你最好也运用"含糊其辞"法带过，然后改变说话的方式。

正确的措辞和表达方式，是依靠彼此心理的亲疏而定的，重要的是在交谈前就要找准位置。轻浮而善于逢迎的人多失败在这上头。是否能正确地衡量他人与自己的关系，这是个人素养有关，这也是为什么有素养的人说起话来总让人感到如沐春风。

除此之外，沟通的尺度也要把握好，《沟通的艺术》这本书里有一段话说得很好，分享在下面：

"沟通得越多不见得沟通的越好：我们知道沟通不足容易产生问题，然而，沟通过头也会制造问题。有时候过度沟通只是平白浪费时间。当两个人已经对一个问题沟通得十分透彻了，继续讨论只会在原地打转，不会有任何进展。正如一本关于沟通的书所写：消极的沟通越多，带来的消极结果也只会更多。"

09 委婉表达，曲径通幽

有这样一则故事，北京有一家新开的理发店，门前贴着一副对联："磨刀以待，问天下头颅几许；及锋而试，看老夫手段如何！"这看似气势恢弘的对联，内容上却是磨刀霍霍、令人胆寒，结果吓跑了不少顾客，这家理发店也自然是门可罗雀。而另一家理发店的对联就以含蓄见长："相逢尽是弹冠客，此去应无搔首人"，上联取"弹冠相庆"之典故，含有准备做官之意，符合理发人进门脱帽弹冠之情形；下联意即人人中意、心情舒畅。此联语意婉转，结果这家理发店生意兴隆。不难看出，书面语言的委婉含蓄有其长处，口头语言也是这样。

英国思想家培根曾说过："交谈时的含蓄和得体，比口若悬河更可贵。"在言谈中，有驾驭语言功力的人，总会自如地运用多种表达方式并不断探索各种语言风格。虽然有些话并非直言不讳不可，但生活中也不是处处都能"直"。有时还一定要含蓄、委婉些，使其表达效果更

第六章
口吐莲花，人生"开挂"

佳。"球王"贝利在绿茵场上的超凡技艺不仅令万千观众心醉，而且常使场上对手叫绝。尽管他不知踢过多少好球，但当他创造进球数满一千纪录后，有人问他："您哪个球踢得最好？"贝利笑笑回答："下一个。"无独有偶，巴黎的大铁塔可谓举世闻名，可是它的设计者——艾菲尔，却一度鲜为人知，他曾用微妙的俏皮话表达他难以形容的心情："我真嫉妒铁塔。"一句婉言，包容了万语千言。

在相当多的情况下，委婉还是说服别人或促使听者反省自查的"镜子"。

有一次，居里夫人过生日，丈夫彼埃尔用一年的积蓄买了一件名贵的大衣，作为生日礼物送给爱妻。当她看到丈夫手中的大衣时爱怨交集，她既想要感激丈夫对自己的爱，也想要说明不该买这样贵重的礼物，因为那时试验正缺钱。于是，她婉言道："亲爱的，谢谢你，这件大衣确实谁见了都是喜欢的，但是我要说，幸福是内在的，比如说，你送我一束鲜花祝贺生日，对我们来说就已经很好。只要我们永远一起，比你送我任何贵重物品都要珍贵。"这一席话使丈夫认识到自己花那么多钱买礼物确实欠妥当。

说到这里，我们可以得出这样一个定义：委婉的言谈技巧就是运用迂回曲折的含蓄语言表达本意的方法。在日常交际中，人们经常遇到不便、不忍，或者语境不允许直说的情况，即使一定要说，也需要把"词锋"隐遁，或把"棱角"磨圆一些，使语意软化，便于听者接受。甚至需要故意扯些别的，希望听的人能够在这些"东拉西扯"中悟道自己未能直接表达的隐情。

委婉的言谈技巧是一圈"保护层"。委婉能使本来困难的交往，变得顺利起来，让听者在比较舒坦的氛围中接受信息。因此，有人称

"委婉"是"软化"的艺术。例如巧用语气助词,把"你这样做不好!"改成"你这样做不好吧?"也可灵活使用否定词,把"我认为你不对!"改成"我不认为这样是好。"还可以用和缓的推托,把"我不同意!"改成"目前,恐怕很难办到。"这些,都能起到"软化"效果。

具体来说,委婉的言谈技巧有以下几种形式:

(1)讳饰式委婉法

讳饰式委婉法,是用委婉的词语表示不便直说或使人感到难堪的方法。

有时,即使动机好,如果语言不加讳饰,也容易招人反感。比如:售票员说:"请哪位师傅给这个'大肚子'让个座位。"尽管有人让出了座位,但"大肚子"这一称呼也使人感到难堪。如果这句话换成:"请哪位师傅给这位孕妇让个座位。"效果就好多了。

(2)借用式委婉法

借用式委婉法,是借用其他事物的特征来代替对事物实质问题直接回答的方法。

例如:在纽约国际笔会第四十八届年会上,有人问中国代表陆文夫:"陆先生,您对性文学怎么看?"陆文夫说:"西方朋友接受一盒礼品时,往往当着别人的面就打开来看。而中国人恰恰相反,一般都要等客人离开以后才打开盒子。"

陆文夫用一个生动的借喻,对一个敏感棘手的难题,婉转地表明了自己的观点——中西不同的文化差异也体现在文学作品的上。以上例子,实际上是对问者的一种委婉的拒绝,其效果是使问话者不至于尴尬难堪,使交往继续进行。

（3）曲语式委婉法

曲语式委婉法，是用曲折含蓄的语言和商洽的语气表达自己看法的方法。例如：

《人到中年》的作者谌容访美。在某大学作讲演时，有人问："听说您至今还不是中共党员，请问您对中国共产党的私人感情如何？"谌容说："你的情报很准确，我确实还不是中国共产党党员。但是我的丈夫是个老共产党员，而我同他共同生活了几十年尚未离婚，可见……"

谌容先不直言以告，而是以"能与老共产党员的丈夫和睦生活几十年"来间接表达自己的感情。有时，曲语式委婉法比直接表达更有力，这种曲语式的委婉用语，真是利舌胜利剑。

总而言之，委婉是一种极为高明的修辞手法，即在讲话时不直陈本意，而是用委婉之词加以烘托或暗示，对于这样的语言越是揣摩，似乎含义也越深越多，因而也就越具有吸引力和感染力。有时，人们用故意游移其词的手法，既不违背语言规范，又会给人以风趣之感。比如：有人在谈及某人相貌丑陋时说"内秀"，在谈到对一件事、一个人有不满情绪时，说他对此人此事有点"不感冒"等，都能曲折地表达事情的本意。

10 礼节的重要性

在人际交往的过程中，对那些一上来就牛气冲天的人，也只有利益关切的人才会捏着鼻子与之交往；而那些言谈举止谦逊儒雅的人则会给人留下很好的印象，他们的身边总有真切的微笑。

那么，具体来讲，应该怎样在这方面提高自己呢？

（1）所谓"礼多人不怪"，一定要注意自己的礼貌用语

第一，经常使用日常生活中的见面语、感情语、致歉语、告别语、招呼语。早晨见面互问"早晨好"，平时见面互问"您好"。初次见面认识，可说"很高兴和你认识""请您多多关照"，分别时说"再见""明天见"。告别的场景常用"祝您一路顺风""到了以后请给我发信息"。有求于人说声"请""麻烦您""劳驾""打扰一下"。对方向您道谢或道歉时要说"别客气""不用谢""没什么""请不要放在心上"。要注意，说"谢谢您"的效果比只说"谢谢"更好。

第二，养成对人用敬语、对己用谦语的习惯。一般称呼对方用"您"对长者用"叔叔""阿姨""老先生"，对少年儿童用"小朋友""小同学"，称呼别人的量词用"各位、诸位"，不要用"个"。对自己或自己一方的人可以用"个"。例如：对方问"几位？"自己答"×个人"。需要注意的是：用"那男的""这女的"来称呼人是非常没有礼貌的，即使被你称呼的人不在场也会显得说话的人没什么素养，更别说是在当事人能听到的场合了。

第三，多用商量语气和祈求语气，少用命令语气。如"您请坐""希望您再来"等。这样的语词和气、文雅、谦逊，让人乐于接受。

第四，说话要考虑语言环境。即不同场合，不同情况，谈话人的不同身份，要谈的是什么事情，需要用什么语气。例如，见矮胖型的顾客应说"长得富态""长得丰满"，见瘦长体型的顾客应说"长得苗条""身材修长"。其实"丰满、富态"和"苗条、修长"就是"肥胖"和"瘦长"的婉转说法，但前者说出来人就爱听。其次，要考虑不同的对象。在我国，人们相见习惯说"吃了吗？""嘛去呀？"有些国家就不用这些话，出于尊重隐私的考虑，会认为这样问没礼貌。因此见了外国人就不适宜问上述话语，可改变用"早安""晚安""最近如何"等。

第五，注意说话的空间和时间。谈话人的身份各异，如果是长者、上级、师辈，谈话的距离太近和太远都是失礼的。在和孩子说话时，最好能弯下身平视孩子的眼睛，培养孩子人与人之间平等、尊重的观念。

此外说话的时间过长、过多、中途停顿，都是不礼貌的。

总之，要根据时间、地点、对方的身份（年龄、性别、职业等）以及和自己的关系，多说并恰当地选择人情话和礼貌用语。该说好话时就要说，甚至多说一些也无妨，但说的时候态度一定要真切。要想在人际交往中处处受欢迎，就要适时地用语言表现出自己的礼貌与修养。

（2）切忌自傲自大、自吹自擂

有些人总喜欢胡乱地吹嘘自己。这种人的口才或许真的很好，也许会在一些仅有一面之缘的人面前给人留下好印象，但这样的态度，只会令了解他的人厌恶鄙夷。

这样的人就连是件很简单的事他都要咬文嚼字地卖弄一番，看起来好像是很精于大道理的样子，说穿了只是由于强烈的自我表现欲所产生的虚荣心在作祟。

想要发表高谈阔论之前，必须先充实实际内容，再以不浮夸的词汇表达出来。若非具有这种功力，就无法具备以简单明了的词汇来表现实力，这其实远比稍具难度的辩论更困难。

有些人乍看之下很平凡，但经过认真地交谈之后，就能够很直接地被其内心的思想所感染，这种人所使用的词汇往往最简单明了。

朋友关系必须建立在真诚之上，花哨不实的言论只适合逢场作戏，朋友之间是互相感动、吸引，而不是硬性地逼迫对方接受自己的意见，为了强硬地使对方接受自己的意见，卖弄一些偏僻冷门的词汇，来表现自己的程度高人一等。在这样的卖弄之下，身边的人只会觉得"聊不到一块儿去"，而很难产生什么共鸣。

朋友必须是彼此真心真意地了解，以建立一种"心有灵犀一点通"的沟通方式为目的。彼此要在交往中培养相知相惜的情谊。

（3）对于某些自己不明白或似是而非的事情不要不懂装懂

第六章
口吐莲花，人生"开挂"

社会上一知半解的人一多，就容易流行起一股装腔作势之风。如果对大家所谈论的事情一无所知，心里容易产生唯恐落于人后的压迫感，这也是人们常见的心态。在绝不服输或"输人不输阵"的好胜心作祟下，随时都想找机会扳回面子。

有这样一位小杂志社的社长，不管是什么场合总喜欢装腔作势，故意地降低自己的声调来表现庄重的样子。不但如此，还总是一副无所不知的样子，这种姿态让人觉得他好像在做自我宣传。

然而不论他再怎么装腔作势，夹着再多的暗示性话语或英语来发表高见，还是得不到他人的认同。而这家杂志社所出版的杂志或周刊，也大多上不了台面。

当他一开口说话，旁边的人就说："天啊！又要开始了。"然后便咬着牙，万分痛苦地忍着。这和说大话、吹牛并无不同。自己本来没有高人一等的智慧，却装出一副什么都知道的样子，时间久了，大家都会看出这不过是个虚张声势的虚荣的家伙。

在朋友关系中，最被动的就是这种沉浸于夸夸其谈的虚荣中的人。他们一方面及其渴望别人的关注和赞美，一方面自己很可能也知道，朋友只是在给自己留面子。毕竟时间久了，谁还不知道谁呢？但是就是控制不住自己的臭毛病，一有机会就想"来一段"，让朋友们常常蹙眉摇头，又无可奈何。

"闻道有先后，术业有专攻"，每个人都有自己的专长，不可能每件事都很精通。

愈是爱表现的人，愈是无法精通每件事。交朋友应该是互相地取长补短，别人比自己专精的地方就不耻下问，即使是自己很专精的事，也要以很谦虚的态度来展现实力，这样才能说服他人。

对于自己专精的事物，不妨表示一下自己的意见，只是说话技巧要高明。这样的人既可以展现才华，也可以表现出谦虚的态度。

现代社会可以说是一个高度复杂的信息时代，若不以虚心的态度与人交往，又如何能够受到大家的欢迎？凡事都自以为是的人，必然得不到大家的尊敬。

不论是不懂装懂或是真的无知，都同样有损交际范围的扩展。

最后，让我们再重温一下学生时代的那句经典的口头禅：骄傲使人落后，谦虚使人进步。这朴素的真理应该牢牢掌握。你不仅要记住它，更要深深地理解它的含义，并将它作为自己的行为准则。唯有如此，你才能真正养成自己谦逊儒雅的言谈举止，将人生之路走得更加顺利。

第七章
人生不易，要努力生存

　　人与人之间唯一绝对公平的瞬间，就是赤条条来到这个世界的那一刻，自此之后它便离去，直至死亡也不复再现。生存模式自开启时就有难有易，人的出身也不以人的意志为转移。不要相信所有成功者的成功都是努力得来，不要默认所有失败者的失败都理所当然，只能由自己亲手改变未来命运的轨迹，才可以稍微缓解这个世界加给我们内心的不安。广泛阅读、收集知识、独立思考——人生不易，要努力生存。

01 搞清楚自己要什么

有这样一种说法：生活质量和品质的提升前提是知道自己想要什么。初听上去，这似乎是很世故的套话，没有表达什么实质性的内涵，可事实上这还真是一句良言。在人的内心深处，的确需要一些目标和框架。多次世界冠军获得者、亚特兰大奥运会金牌得主阿兰·约翰逊，与年轻的新秀、雅典奥运会金牌得主刘翔，曾经有过一次历史性的会面，作为早已成名的老运动员和前辈，人们希望他给年轻的刘翔提点建议。约翰逊想了想后说："刘翔去年赢了奥运会，生活发生了很大的改变，但压力也自然而然地来了。媒体、田径迷们对他的期望值开始提高。我想刘翔应该有一个平和的心态，他应该清楚地知道自己要什么。"

有这样一段文字："守一颗心，很怕它像一只猫。它冷了，来依偎你；它饿了，来叫你；它痒了，来摩你；它厌了，便偷偷地走掉。守着一颗心，多希望它像只狗。不是你守着它，而是它守着你。"原文是

第七章
人生不易，要努力生存

说爱情的，但是我觉得它可以扩大到所有的事情上。

作为现代女性，只用从容的态度被动接受生活是不够的，更要能够倾听自己的内心，创造出可以打破偏见的、自己真正想要的生活。对于任何一个人来说，了解自己都是创造生活的根基。了解自己是有主张、有认知，知道自己是做什么的，知道自己想要什么、能要什么。无论自己有什么想法，那些能被他人轻易打消的都是不够坚定的。当你明白了自己真正想做的事情是什么，就不能再被旁人左右，要相信：第一，你可以做好，第二，你有权去做。自知衍生从容，从容得以坚定，坚定决定成就，成就成全安详，要知道自己究竟想要什么，才可以活得精彩辉煌。

在我们周围，太多太多的人是生活的被动者，每天疲于奔命，像一只没头苍蝇一样跌跌撞撞，或者把自己扮演成了一个消防队员，急着赶着去扑救生活的火灾。每天都在不安中度过，然后，百般懊恼，埋怨命运不公。就像印度诗人泰戈尔所说的：当你为错过太阳而流泪的时候，你已经错过群星了。

生活就是一面镜子，也许这镜子有点模模糊糊的，也许这镜子缺角有裂痕，甚至这镜子已经有些变形了，但是它依然会如实地反映出面前的人，是在哭，还是在笑。有明确目标虽然是很重要，但是实际情况是：有很多人没有确定远大的人生目标，也不知道自己有什么特长，甚至不知道自己有什么爱好。这样的人并非是比别人有什么缺陷，他们只是生在了一个得过且过的家庭，没有人注意他们的才华，没有人问过他们的兴趣，他们在将就和忽视中努力成长，以至于等他终于意识到人生必须要有个目标才能活得精彩的时候，竟已经青春不再了。再问问身边的人都是目标清晰，再看看子侄辈们的十八般武艺，再照照生活的这面镜子，冲着镜中的自己酸楚地笑。所以，这么巧你看到这段话的这一天，刚好就是你余生中最年轻的一天，那就赶紧为自己做点什么。感到迷茫没有明确的目标也没什么可丢人的，只要你开始广泛阅读、收集知识、独立思考，没有人可以强制让你出局。

每一天，我们都遇到对自己的人生和周围的世界不满意的人，也许我们在某个失去勇气的时间段，也会成为这样的人。不幸的是对世界再不满意也要继续生活其间，所幸的是自己的人生还有机会亲自做出改变。

每年年底的时候，公司总是会要求你对一年的工作做出总结，对新一年的工作做出规划。尽管这好像是例行公事，但事实上，回顾自己这一年来的工作，为新年的工作做个计划是很有必要的。当你为去年一年的收获而欣喜时，你必须问自己：新的一年我准备做什么？有什么新的计划？这一年里我要完成什么样的目标？有了新的目标，你就像在茫茫大海中航行的小船在前方看到了照明的灯塔，始终能够瞄准目标，加快速度，全力前行。

如果有机会的话，找一个安静的、不被打扰的空间，与自己的心灵对话，列一个清单，把那些你真正的想要的具体表述出来，越详细越好，或许你会发现，奢侈品能带来的快感也没有那么多，放下所有的包袱去九寨沟或者巴黎才是内心的期待。

目标在两个方面起作用：它是努力的依据，也是对自己的鞭策。目标给了你一个看得着的射击靶。随着你努力实现这些目标，你就会有成就感。对许多人来说制定和实现目标就像一场比赛，随着时间推移，你实现一个又一个目标，这时你的思想方式和工作方式又会渐渐改变。

这点很重要。你的目标必须是具体的，可以实现的。如果计划不

第七章
人生不易，要努力生存

具体，会降低你的积极性。为什么？因为向目标迈进是动力的源泉，如果你不知道自己向目标前进了多少，你就会泄气，甩手不干了。

让我们看看一个真实的例子，说明一个人若看不到自己的目标就会有怎样的结果。

1952年7月4日清晨，加利福尼亚海岸笼罩在浓雾中。在海岸以西21英里的卡塔林纳岛上，一个34岁的女人涉水下到太平洋中，开始向加州海岸游过去。要是成功了，她就是第一个游过这个海峡的妇女，这名妇女叫费罗伦丝·查德威克。在此之前她是从英法两边海岸游过英吉利海峡的第一个妇女。

那天早晨，海水冻得她身体发麻，雾大得连护送她的船都几乎看不到。时间一个钟头一个钟头过去，千千万万人在电视上看着。有几次，鲨鱼靠近了她。被人开枪吓跑。她仍然在游。她的最大问题不是疲劳，而是刺骨的水温。

15个钟头之后她又累又冻浑身发麻。她知道自己不能再游了，就叫人拉她上船。她的母亲和教练在另一条船上。他们都告诉她海岸很近了，叫她不要放弃。但她朝加州海岸望去，除了浓雾什么也看不到。几十分钟之后——从她出发算起15个钟头零55分钟之后，人们把她拉上船。又过了几个钟头，她渐渐觉得暖和多了，这时却开始感到失败的打击，她不假思索地对记者说："说实在的，我不是为自己找借口，如果当时我看见陆地也许我能坚持下来。"人们拉她上船的地点，离加州海岸只有半英里！后来她说，令她半途而废的不是疲劳，也不是寒冷，而是因为她在浓雾中看不到目标。查德威克小姐一生中就只有这一次没有坚持到底。

两个月之后她成功地游过同一个海峡。她不但是第一位游过卡塔林纳海峡的女人，而且比男子的纪录还快了大约两个钟头。

查德威克虽然是个游泳好手，但也需要看见目标，才能鼓足干劲儿完成她有能力完成的任务。当你规划自己的成功时千万别低估了制定可测目标的重要性。

还有非常重要的一点：事前决断，而不是事后补救。未雨绸缪、提前谋划，而不是等别人的指示。不要给他人操控自己人生进程的机会，不事前谋划的人就容易受制于人。有准备的仗，才能打得更加从容。

职场生涯中的好事也有很多，比如升职、加薪、分红、出国进修、海外轮岗。如果得到这些利益，你有可能会离自己最想要的东西越来越远。任何利益都有附加条件，当这些附加条件不符合你的最高利益时，它们就是利益的代价。这样的利益越多，代价就越大，我们就会离真正的目标越来越远。想想看，有多少人为了分红而付出职业发展的代价，为了升职或提高收入而去做自己不擅长也不热爱的工作；又有多少人明知自己适合也愿意做职业经理人，却抵不住诱惑，去做创业者，把生意做到了姥姥家。

鞋子合不合适只有脚知道，工作合不合适只有心知道。以自己的心和职业激情为依据选择工作，以便让自己保持对工作的持续热爱，这虽然是一种理想，但我们都有机会尽量靠近它。靠近的条件不仅要有明确的职业目标，还要懂得放弃不符合职业目标的利益，并培养放弃的勇气和能力。面对选择时，我们要坚持做自己最想做的事，而不被眼前利益所左右。即使一时不知道自己要的是什么，也不要那些明知自己不真正想要的好东西，免得受其牵累。

02 女人要有自己的事业

我们确实赶上了一个好时代。

面对遍地的机会,女人也像男人一样有着强烈的事业心,并因此拥有了一份属于自己的追求,开创了一片自己的天地。事业,给女人提供了一条摆脱困境的坚实之路。

据研究人员们分析,女性在经商赚钱方面相对于男性有八大优势:

(1)女性在语言表达和词汇积累方面比男性强,一般女性都比男人口齿伶俐,而这正是生意人必备的条件之一。

(2)女性在听觉、色彩、声音等方面的敏感度比男性高40%左右,在竞争激烈、信息多变的生意场上,这也是成功者必须具备的良好素质之一。

(3)有人说:"生意是一种高水平的数字游戏",女性记忆力尤其是短期记忆力远远强于男人,在精打细算方面女性往往比男人详尽得多，这又为女性做好生意奠定了基础。

（4）相比之下，女人比男人更加执着。比如在同样情况下对某一件事情，女人很难改变自己的观点，男人则相反，较容易放弃自己原先的想法。这说明，女性更符合现代企业家的良好素质要求。

（5）女人发散思维能力优于男人，她们对某件事进行思维决断时，常常会设想出多种结果。而男人则习惯于沿袭一种思路想下去。发散思维能力，恰恰是新产品开发、企业形象设计等方面所要求的。

（6）女人的直观能力比男人准确。女人似乎有一种先天赋予的特性，她们对某些事、某个人常常不用逻辑推理，单凭直觉就能准确看透，而男人在这方面则望尘莫及，这就为女人在生意场中及时捕捉机遇提供了有利条件。

（7）女人比男人有更大的忍耐性。同样情况下，遇同一问题，女人往往更有耐心，而男人则常常急不可待。生意人没有耐心是很难做好生意的。

（8）女人的操作能力和协调能力都比男人强。在如今科技高度发达的信息时代，越来越多的行业都在使用越来越多的易于操作的电子化设备，女人在寻找工作方面开始显示出比男人更大的优越性。所以有人说："工业时代劳动者典型形象是男性，在信息时代工作的典型形象应当是女性。"随着历史的发展，此话的真实性将得到越来越多的验证。

尽管有这么多优势，但是收益与风险成正比，你准备好了吗？

创办自己的企业可能会带来非常诱人的回报。不过，在你决定辞职做老板之前，还应仔细思量。对做个领薪水的职员还是自己当老板这一问题，不能简单地分为孰优孰劣。因为角色不同，所承担的责任与义务也不同，很难说哪一种更好。

第七章
人生不易，要努力生存

无论何种行业，都需要掌握好专门的知识和拥有满腔的热情。只要你选定了自己的优势行业，凭你的美丽、智慧和能力，开创一片你自己的天地就不再只是梦想！

03 学会理财

"有钱"只是个模糊的概念，到底有多少钱算有钱？上了排行榜的和隐形的比算不算有钱？按照那个"对挣钱没兴趣"但是"一个月挣20个亿很难受"的人的说法，我月薪一万也是很幸福了。那我算不算有钱？

很多人认为，只要有大笔的钱进账就能变得富有，其实未必尽然。生活中我们可以看到很多年薪几十万元甚至更多的高级白领，日子过得跟薪资水平仅及其1／3的人一样。银行里没有多少存款，消费上常常出现赤字，一套学区房的压力总是高于月薪带来的安全感。一份高的薪水提供了人们累积财富的机会，但不会自动让人富有。如果你一年赚10万元花20万元，当然会破产。但如果你善于理财，不仅不至于出现赤字，还会有盈余。

另外一个关于财富的错误观点是，认为它必须是对身份地位的炫耀。例如拥有一栋大房子，或每年做长达一个月的旅游等。拥有一些

第七章
人生不易，要努力生存

"东西"并不全然代表这人是富有的，事实上，这些东西还会拖累资产的累积。

可能有人会说，靠小心翼翼积累财富达到富有的人没有什么乐趣。其实大部分人在这个理财的过程中都是不乏乐趣的，他们的乐趣来自于他们累积的资产，并且成为了他们的理财目标之一。因此，要做有钱人，必须有积极的投资态度，进行认真的规划。无论你有多忙，都不应成为你不花时间去积极投资的借口。

或者你会说自己根本不懂金融，不知道怎样理财，然而财商专家告诉我们：每个人都有潜在的理财能力，"不懂"理财的人只是没有把它开发出来。下面就是专家给出的几点建议，正确地运用它们，你也可以积累起大笔财富，做个真正的有钱人。

（1）把梦想化为动力

你可以充分地设想你想要做的事，想自由自在地旅游，想以自己喜欢的方式生活，想自由支配自己的时间，想获得财务自由以不被金钱问题困扰……由此发掘出源自内心深处的精神动力。

（2）做出正确的选择

即选择如何利用自己的时间、自己的金钱以及头脑中所学到的东西去实现我们的目标，这就是选择的力量。

（3）选择对的朋友

美国"财商"专家罗伯特·清崎坦言："我承认我确实会特别对待我那些有钱的朋友，我的目的不是他们拥有的钱财，而是他们致富的知识。"

（4）掌握快速学习模式

在今天这个快速发展的世界，并不要求你去学太多的东西，许多知识当你学到手往往已经过时了,问题在于你学得有多快。

(5) 评估自己的能力

致富并不是以牺牲舒适生活为代价去支付账单,这就是"财商"。假如一个人因为贷款买下一部名车,而每月必须支付令自己喘不过气来的金钱,这在财务上显然不明智。

(6) 给专业人员高酬劳

能够管理在某些技术领域比你更聪明的人,并给他们以优厚的报酬,这就是高"财商"的表现。

(7) 刺激赚取金钱的欲望

用希望消费的欲望来激发并利用自己的财务天赋进行投资。你需要比金钱更精明,金钱才能按你的要求办事,而不是被它奴役。

(8) 获取别人的帮助

这个世界上有许多力量比我们所谓的自信更强,如果你得到这些力量的帮助,你将更容易成功。所以,对自己拥有的东西大度一些,帮助别人,也能得到慷慨的回报。

培养理财能力对每个人来说都是非常重要的,财富是物质生活的保障,积累财富则是追求安全感的有效措施。相信对大多数人来说,还是宁愿要月入20亿的难受,也不要月入1万的幸福吧。

04 辛勤且快乐地工作

要树立"工作并快乐"的信念,当工作烦恼突如其来时,必须要学会控制,要保持快乐的情绪和良好的心态。因为良好的心态是获取成功的恒定法宝,保持愉快的心情,工作就变得轻松而有乐趣。

(1)摆脱工作中的烦恼

凡是工作,都会有麻烦,会给我们带来压力。职场人要学会调整自己,能够安排好工作,尽力摆脱工作中的烦恼。以下是几个好方法:

①设定目标

为了工作有效率,必须要有的放矢。最好挑一个明确、可量化,并能在一定期间内完成的小目标。目标的达成可使你重拾信心,再朝另一个小目标前进,这时你就会发现对工作越来越有兴致。

②控制压力

俗话说,"知足者常乐""心静自然凉"。身为职业倦怠的受害者，要减少压力，首先要找出焦虑的来源，并采取必要措施，以重新调整你的心态平衡。

③暂时回避

暂时把只会挑毛病的老板、永远办不完的公事、薪资少、工作无聊和没人肯定自己等不快的事丢在一旁。等你恢复工作意愿，更有能力接受挑战时，再去面对这些剥夺你信心和自制力的外因。

④转移焦点

时时提醒自己，你不是被雇来复制别人的行为的，而是来解决问题的。找出问题点，看看你是不是能想出不同的解决办法，也许这份工作的弹性比你想像得要高；或许你可以把工作变得更符合你自己的要求。

（2）走出工作低谷

在沉重的工作压力之下，出现"工作低潮"或"工作倦怠"已不是什么新鲜事。它们就像五线谱上高高低低的音符，总是埋伏在工作情绪之中，伺机而动。比方说，你的工作部门即将改组，被不合理的工作量压得喘不过气来，办公室人际关系如箭在弦，升官不成加薪无份，都可能使你陷入一片"愁云惨雾"之中。

工作低潮时往往有以下状况：连续好几天都无法顺利入眠，而早晨也时常在恐惧中惊醒，心中仿佛有块沉重的大石头压着。时常对着天花板发呆，脑中一片空白，没有办法提起劲儿工作，而且觉得无所适从。对目前的工作产生极大的厌恶感，并对同事有不满情绪，有一种快被逼疯的感觉。最近与人交谈总是心不在焉，跟不上谈论的话题，同时也对周围事物不感兴趣。在此你可以尝试以下几种走出低潮的捷径：

①寻找目标及意义

一个寻不着目标的人，就像多头马车一样漫无目的，令人泄气。

因此，你必须先弄清自己工作的意义。一旦确定了，强烈的存在动机就会启动你的工作热情。所以，不妨试着将自己的工作目标写在纸上，不论是为了追求自我价值，还是要拥有一个更好的生存环境，都能鼓励你逐步前行。

②别忘记发泄情绪

不妨在笔记簿中记下几个公司附近可以发泄情绪、振作精神的地方，如小公园、书店、咖啡厅、保龄球场等。当然，在双休日，你还可以约上三五知己去郊游，泡温泉、打球、划船都是不错的选择，也许会使你的情绪有所放松。

③改变四周的摆设

有些时候，杂乱无章的工作环境也令工作效率降低，所以，不妨将自己的工作空间设计成可以配合做事习惯的模样。除了让每份文件都有可以归类的地方，亦可利用一些颜色鲜艳的小海报、有趣的摆设或茂盛的绿色盆栽，来振奋工作心情。

④培养多种兴趣

最好是在工作之外，拨出一些时间培养其他方面的兴趣，例如阅读、画画或学习陶艺等。这不仅能使心灵与精神有所寄托，更让你拥有额外的成长的空间。

（3）心情愉快效率高

愉快的工作常会给人带来欢乐，不称心的工作能影响我们的个人生活，当我们回家后，几乎不可能把不愉快的事情丢到脑后。

专家研究表明，如果一个人得到"适当的工作安排"，换句话说，如果一个人的需求与工作相符，这个人很可能会对工作满意，会全身心投入工作。如此一来，这个人将不会常常称病告假，不会动辄辞职不干，而工作质量也会更高。总之，这对每个雇员、雇主、管理人员都有好处。对于个人，它意味着有一份快乐的工作；对于公司，则意味着更高的利润。

进一步研究还发现，即使是收入可观、前程远大或者稳定可靠的工作，如果不能满足员工其他方面的精神需求，也同样不能提高工作效率。因此，专家们的结论是，能满足一个人动机需求的工作，可能就是带来快乐的工作。

快乐的情绪，可以让你快乐的工作，也会把快乐传染给周围的同事。工作会让你忘记烦恼和忧愁，不要把工作当作一个苦差使，要时时想着工作带给你的快乐。

05 兴趣是生活中的糖

人们在从事自己喜爱的工作时，总是特别有激情，有创造力，而且容易感到幸福，感到满足。

人的一生短暂且匆忙，但很多人只能把自己喜欢的事悄悄搁在心底，再加上一把锁，去做许多该做但不一定是自己喜欢的事。

活着的理由很多，为工作而活，为责任而活，为别人而活，为许多说不清的道理甚至虚伪和毫无价值的评定而活。从日出到日落，从月圆到月缺，与多少美丽擦肩而过，多少真心喜欢做的事，心里想着惦记着，却一件也没做成，就任青丝变成白发，任额头皱纹缕缕。

智者说：人生好似一个布袋，等扎上口的时候才发现，里面装的都是遗憾，还有许多没来得及做的事。

聪明的人选择做自己喜欢的事情，为了生命中少些缺憾、多点美丽，为了在扎上口袋时少一分后悔。

记住你是自己生活的主宰者，可不要成为生活的牺牲品。努力挤出一部分时间只留给自己，可以让人更好地承担责任，履行义务，扮好自己的社会角色，人应该先为自己活着，尚有余力，再去帮助别人。

工作很重要，它可以切实满足你的物质需求，它提供给你未来生活的幸福保障，但是工作不应该与自己喜欢的事情相冲突。工作是为了在精神上和物质上让你快乐，这里有一个很巧妙的平衡点，这边多一些，那边就少一些，总之是不要反倒为了工作放弃了快乐的生活。

选择伴侣很重要。一个自己喜欢的、相处融洽的伴侣，真的会让漫漫人生路走得又快乐、又轻松、又能看到美好的风景。在幸福甜蜜的家庭生活中，如果两人都不喜欢做家务，尽可请个钟点工来帮忙，否则，不是用爱心烹饪出来的食物不会让享用者感到快乐，不是用爱心整理好的屋子也充满着怨气。我们辛苦挣来的每一分钱，都应该用在让自己变得更快乐上，这就是人们在日头下，真正得享喜乐了。

每个人都有自己喜欢的事情，可是很多时候，人们其实没有选择的机会，现实生活常常阴差阳错。但当你尚有选择权的时候，一定不要浪费机会，要记得，生活里重要的事情虽多，但是最重要的是幸福快乐的心情。

年轻时，每个人都会有自己的梦想，随着岁月流逝，又很容易丢弃它们。这些年轻时的梦想，其实是真正的财富，如果把自己的时间尽量花在自己真正喜爱的事情上，人甚至会忘记时光，永远葆有年轻的心态。

在琐碎的生活烦恼之余，安安静静地读几页书，会心无旁骛地画几笔画，快快乐乐地爬几趟山……不求能得到多大的成就，只是因为那是心中所爱，自己所想。

第七章
人生不易，要努力生存

选择做自己喜欢的事情，是尊重自己的表现。只有做自己想做的事，才会使自己在精神上获得充实，在心理上得到满足，才会对生活充满感激和热情，才能使自己的命运更好。

06 明确目标，坚定追求

职场并非处处坦途，它定会有未被开垦的原始森林。而在这个潮流瞬息万变的时代中，只有坚定目标，才能冲破迷雾，走出迷宫般的原始森林。

职场中人，很容易因为害怕前途渺茫，轻易放弃自身求生的努力，丧失了自救的机会；或是退而求其次，在不断的游移之中，消耗掉了本身的雄心大志，虽然跟随着别人走出了原始森林的迷宫，却失去了探险的勇气，安于琐碎而烦闷的生活。那么，在职场中如何树立并坚定自己的目标呢？

（1）现实性

制定一个现实的目标非常重要，这是最终可能成功的根本保障。刚刚进入职场的人要认真分析自己的专业、性格、气质和价值观等，找出自己的特点，弄清自己到底想要什么，想要一个怎样的结果。然后根

第七章
人生不易，要努力生存

据自己的实际情况，制定一个能够实现的目标，这是成功迈入职场的第一步。

（2）具体化

常言说得好：无志者常立志。确实，有些人经常确立目标，但最终却没有一个真正的目标。制定的目标一定要具体，因为我们只能根据具体的目标去制订具体的计划。如果你不知道具体做哪些事情才能够让老板愿意给你加薪水，那么你的加薪梦想肯定会泡汤；如果你不知道应该背哪些单词、应该背多少个单词，而是从字典的任意一页，比如157页，开始任意背1 500个单词，这样的目标就算实现了也是事倍功半。

同样，为了完成一项重新植树造林计划，你不会笼统地说："我要在六个月之内变得更健康一些，那样我就可以进入深山作业了。"而相反的，你可能会很具体地说："在半年之内，我要减轻20斤体重"或者"半年之内，我坚持每天跑它两三公里。"

（3）书面化

每个人都有不同程度的惰性，这是人类的基因所决定的，甚至不是大脑可以控制的。我们的惰性几乎可能以任何形式发作。如果你不把你的目标写下来，那么，很可能从某一天开始你就"忘记"了你曾经制定的目标。惰性的具体表现形式是让你"合理地"觉得并且相信"我还有那么多其他重要的事情做呢……"直到有一天你突然想起来"唉呀！一个月过去了，我怎么忘了这件事儿呢！"而这样的念头过后，放弃几乎成了再自然不过的事情。

所以，一定要把已确定的目标写下来。甚至可以写到很多张"随手贴"上，然后贴到很多你每天必然能看到的地方，比如镜子右上角、马桶正对面的墙上、冰箱里放酸奶的地方什么的……这种"反复地强化目标记忆"是非常重要的,它会使你不由自主地觉得已经确定的这个目标是最重要的事情。

(4)因势调整

真正现实的、具体的,即可能实现的目标往往是动态的,因为我们不是生活在一个静态的世界里,并且,我们自身也在不停地变化。

随着计划的不断实施,我们慢慢发现原本看来很现实的目标其实并不现实,或者原本看来具体的目标其实并不具体;也有这样的可能性:随着时间的推移,我们竟然发现已制定的目标并不是我们真正想要的;或者还有这样的可能性:突然发生了某些事情,导致原目标不得不暂时搁置,因为该突发事件更加紧急……

所以,要成为一名成功的职场人,你应该把自己的目标适当地放在社会的大环境中衡量一下,适时作出调整。而且在执行目标的同时,必须时刻调整自己的心绪,不要让自己的坏心情把目标断送。

在当今社会,大多数工作是不分性别的,只要你能力卓越,就会有一个适合的职位在等着你。而你只有无论身处顺境还是逆境,都始终把握自己选定的目标,坚定不移地走下去,才能抓住属于你的机会。

第七章
人生不易，要努力生存

07 办公室中应了解的
　　生存法则

　　如何在茫茫人海中脱颖而出，如何在办公室纷纭复杂的人际关系中游刃有余地生存，以下这六个方面的特质正是办公室环境中，成功人士所必须要拥有的：

　　（1）对自己的定位清楚

　　要在职场上担任要职，一定是很早就已经有"我要在职场闯出一番成就"的决心。千万不能有等待贵人出手相助然后得以平步青云的幼稚想法。

　　（2）勇于提出要求

　　你的主管不会主动关注你的需求，为你一步步规划好升迁之路。如果你有很强的企图心，最好主动让主管知道。除了直接向主管反应你在工作上发展的期望，也有一些方式，可以让主管察觉你的企图心。

　　（3）敢于踊跃发言

在一些以男性占多数的职场中，女性的意见往往会被淹没，成为"没有声音的人"。成熟的职场女性要勇于发表意见，有条理地陈述意见，并且言之有物，自然能表现出权威感，也能在同事中被突显出来。

（4）懂得推销自己

在职场上，自我营销是绝对有必要的。在众多同事中，如何让老板发现你的企图心和专业能力，需要有一些主动的作为。成功人士即使主管没有要求，也会定期向主管报告工作进度。

（5）懂得边做边学

想成功的人应当善于抓住表现机会。即使你对一件工作不是完全熟悉，还是可以边做边学，即使做错，也能得到宝贵的经验。

（6）要求授权，担起责任

在职场上，老板最喜欢的员工，是可以放心授权的"将才"，而不是畏畏缩缩，无法担起大任的小兵。优秀的员工勇于接下大家都觉得棘手的项目，借着这些工作的洗礼，积累职场经验，并且激发自己的潜能。

"不怕没运气，只怕没方法"——找对方法，你会发现成功更容易。

第七章
人生不易，要努力生存

08 让自己更优秀，才能晋升

大家可能都知道，女性在职场上很多时候会受到歧视。从找工作的一开始，多数用人单位对女性提出的要求就非常高，处在相同水平上，公司可能就更愿意要男性。女性为家庭付出的越多，在社会中的生存空间就越小。

进入公司后，很多条件对女性不利，有的时候并不是你的业绩好，就能得到较高的回报。多数女性在工作经历中，都能感觉到无孔不入的偏见和似有似无的嘲讽。面对职场的性别歧视，该如何对待呢？

女人跟男人相比，具有很多与生俱来的优势。因为在强调团队合作的情况下，女人比男人具有更高水平的交往技巧。因此，职场女性可以利用自己的这种能力，在工作中更加充分地发挥自己的特长。

改变一个人或一个群体的固有观念也许很难，比如对女性的歧视。但你首先要让自己更优秀，只有这样才能逐渐填平几千年来男权社会给女性挖下的深坑。自信，同时展示你的业务能力，还有就是对企业文化的知晓。知道这个企业喜欢什么样的人以及他们的日常规矩，和一些不成文的规定。既不能整天埋头工作而不顾其他，也不能为了忙于职场的人际关系，而搞得满城风雨。你要兢兢业业，用自己过硬的专业素养说话，用自己无可挑剔的职业道德说话。

职场女性要想突破看不见的天花板取得更进一步的成绩，必须坚决摒弃患得患失、优柔寡断的心理，多多关注留意自己身边优秀同事做事的决策过程，分析他们的思维模式，并吸其精华、弃其糟粕，久而久之自己做事的方式也会受其"感染"，从而提高自己做事的效率。

工作的环境不同，努力的方法也各不相同，但是要想升职，不断付出是一定的，以下几个努力方向比较通用：

（1）改变形象

改变心情不妨从改变形象开始，是否记得奥斯卡金像奖得奖片《前妻俱乐部》中的主人公，当她们为自己讨回公道时，改变形象成了至关重要的一点，可见形象对人的重要性。

（2）运用智慧

工作时难免会遇到困难与挫折。这时，如果你半途而废，或置之不理，将会使公司对你的看法大打折扣。因此，随时运用你的智慧，或许只要一点创意或灵感便能解决困难，使得工作顺利完成。要充分发挥自己的聪明才智，做一些自己觉得有意义、有价值、有贡献的事，实现自己的理想与抱负。马斯洛认为这种"能成就什么，就成就什么"，把"自己的各种禀赋——发挥尽致"的欲望，就是自我实现的需要。

（3）扩大自己的工作舞台

有空时到自己不熟悉的部门看看，了解其他部门的工作性质。多接触其他部门的同事，扩大自己的人际交往圈子。

（4）施展你的人格魅力

在大多数人眼里，人格魅力是最不可捉摸的神秘因子，是一种神秘得近乎神奇的事业推进剂。它是一种迷人的气质和个性魅力，它会让你得到别人的支持，并成为领导者。

（5）过硬的业绩

工作业绩是衡量一个人在工作中综合素质高低的砝码。突出的工作成绩最有说服力，最能让人信赖和敬佩。要想做出一番令人羡慕的业绩，就要善于决断，勇于负责；善于创新，勇于开拓；善于研究市场，勇于把握市场。唯有如此，企业的航船才能在市场经济的大海中，或"能以不变应万变"顶住风浪；或能"见风使舵"乘风破浪，越过激流，避开商战"陷阱"，使企业立于不败之地。当你力挽狂澜以骄人的业绩振兴企业时，你的影响力顺理成章地达到了"振臂一呼，应者云集"的地步。

（6）让人信任你

如果在办公室里你能表现得幽默活泼，办事能力强，豁达开朗，让异性同事充分感受到与你共事的幸运和兴奋。那么，各种回报将随之而来——更加明朗的工作环境，更加融洽的合作关系，在你遇到难题时会有人鼎力支持……原因很简单，每个人都喜欢和能力强并且性格好的同事共事，这样自己也会得到很多便利，无论男女。

面对晋升的不公平，女人要善于为自己创造条件，勇于为自己争取机会，充分发展女人的优势，弥补自己的不足，为自己的晋升扫除重重障碍。

过硬的专业素质，再加上出色的工作能力以及了解公司的企业文化，一个能为公司带来很大业绩、对公司发展做出很多贡献的职员，老板有什么理由不升你的职呢？当然，面对切实有据的职场歧视，甚至是更为恶劣的情况，如果不愿委曲求全，那么主动维权也是很积极的做法，即使结果也许不能尽如人意，但推动社会进步，最需要的就是从一点一滴做起。

第七章
人生不易，要努力生存

09 慎重地权衡利弊

在古代，婚姻是女人一生的赌博，她们将全部的希望寄托在丈夫有出息上，盼望着有朝一日"夫贵妻也荣"。跪得太久了就不容易站起来，即使在今天，依然有女人愿意将全部的爱与幸福寄托在丈夫身上，真的是哀其不幸，怒其不争。帮助男人成功并没有错，错就错在放弃了完善自我。没有独立的自我价值，只靠男人活着，这样疯狂的行为无异于自杀。只有不断完善自我，两人互相支持，一同进步，一同成功，才能在各个角度保持平衡。一个人若想获得别人的认可和尊重，就只能通过自己的努力，不断完善自我来达成。如果是通过攀附别人——不管是你的父母、你的爱人还是你的孩子，都不可能产生实质的尊重。

当女人为婚姻完全放弃自我时，她就放弃了得到认可和尊重的权利。经营婚姻和爱情，就像手中抓住的沙子，握得越牢，越容易流失。女人把自己的未来寄托在别人身上，舍弃了自尊、自我价值，当逐渐品尝到人生辛酸，性格软弱的人恐怕连后悔的勇气都没有了。

天空原本是明丽湛蓝的，不要为了爱情放弃自尊，放弃了自尊非但不能留住爱情，到最后，连"好感"都会消失殆尽。不要为他人而活，要为自己而活，每个人都应该先对得起自己，再谈对得起爱人、父母、孩子。如果你经过自己的深思熟虑，决定放弃事业，把全部精力投在家庭上，那么应该在最开始就和伴侣达成一致，要有落在实处的，实实在在的退路留给这个为了家庭牺牲事业的人。

10 不断挑战自己，
    实现自我价值

对于工作，最大的乐趣就是它给你自己带来的成就感，那些懂得享受工作的人几乎都有这样一个态度：要么不做，要做就把它做好。要想在职场中有所成就，你就必须让自己时刻努力，尽可能地把每一件事都做到满意。那些习惯于敷衍了事、不思进取，没有责任心的人，不仅谈不上是合格的职场人，工作对这样的人来说简直就如"洪水猛兽"，能躲就躲，哪有什么乐趣可言？与其这样，还不如回家躺着呢！

不要以为"中庸之道"可以放松对自己的要求，你毁了工作，工作照样可以毁了你。不想被淘汰就应该把挑战当成乐趣，在实在的成就中去实现自我。

尽管在很多单位里你要打入主流群体可能并非易事，但只要你努力，不甘平庸，勇于接受任何挑战，就有可能成功。以下推荐七种策略和技巧，可有助于早日实现你的梦想。

（1）不要先入为主

不要因为以前你的或别人的不愉快经历而假设每个人都存有敌意。要根据面临的新情况而作出具体判断。

（2）广交朋友

结交朋友，建立社交圈，寻求前辈的指导，对每个人来说都是基本的职业技巧。如果你是一个"局外人"，这些就尤为重要。

如果你并不享受独处的快乐，你就要让主流群体能和你自然相处。你必须放下你自己的架子，充满自信地参与社交活动，接受对你表示友好的人们的提议。

（3）强化你的专长

你必须拥有能成功的技巧和知识，这一切就是你被雇用的原因。但是，如果你不是企业主流群体中的一个成员，你就得有些额外的素质。试试下述方法：

了解你所在领域内的最新潮流，想办法应用在你目前的工作或你希望做的工作上。敢于冒险，勇于决策。抓住一切机会，调动或者被指派到和公司目标直接相关的第一线工作上，强化你的书面和口头表达能力。认识到你的文化背景所具有的力量。

（4）善于表现自己

让公司知道你可以做些什么。即使你是一个成就非凡的人，你也不要指望被别人发现或者认识。为了取得进展，你得让人们知道你是谁，你做了些什么。

沉默寡言，严格信奉权威，不愿听取建议，害怕"出人头地"……如果你想使自己更引人注目的话，所有这些可能就是你必须克服的文化障碍。

（5）善于接受，不要牺牲

让你的观点和公司文化相适应。要从局外人变成局内人，并且真实地对待你自己，你必须懂得"接受"和"牺牲"之间的区别。你得做到：

认识哪些文化特征是你不能放弃的，哪些是你愿意调适到符合公司文化的。不要把为公司文化而作出的每一种改变或调节视作放弃或让步，而要看成是适应新环境的一种方式。不要让你所在群体的其他人为你下结论，该在哪里划一条线，你得自己作出决定。

如果公司歧视你的文化，如果公司的价值观直接和你的文化发生了冲突，如果你现有的职位不足以充分展现你的才能，你依然坚持要留下来的话，你可能就在作出很大牺牲了。

（6）知道你自己的权利

如果你认为你遭到不公平的对待，你该怎么办？你可以尝试自己解决问题。或者你可以依照公司制定的程序，或者找来同盟者帮忙。如果遇到非法歧视，你可以考虑采取法律行动。法律会保护你的权益，对有关种族、性别、民族、年龄、怀孕或者残障等方面的不公平待遇，给你作出赔偿。在你采取法律手段之前，务必仔细斟酌你将在精神上、事业上和经济上付出的代价。

另一种选择是辞职。另谋他就，找一个在企业文化方面更适合你的工作。如果辞职比留下来付出的代价更大，那就调整心态，寻找更好的时机。

（7）要有远见，并为此作出计划

有些人认为该来的都会到来，跟自己是不是足够努力关系不大。这种宿命论的态度可能会失去很多机会。如果你想有所作为，除了你目前的技能，还得为了自己的利益多积极行动，在机会敲门时所有准备才行。

目标再远大也只是后面的零，有了目标以后最重要的步骤就要开始了，那就是行动起来，实施计划，把目标变成现实，在零前面加上一。

第七章
人生不易，要努力生存

11 自强不息，
　达到事业的顶峰

女人应该像男人一样视事业为人生中不可或缺的目标，增强自己的使命感、责任感，为了自己和家庭的幸福，为了自己命运的华彩乐章，应自强不息、锐意进取，实现真正完整的人生价值。在传统观念中，女人的人生方向就是相夫教子、照顾老人，这其实是对女人具有独立人格的否认。随着社会的发展，女性的作用越来越大，人生和社会价值得到越来越多的体现。因此，女人不要把自己局限于家庭，要看到家庭之外的天地之广阔，宇宙之浩瀚。

她，一名普通的石油工人，一名普通的项目员，一名硕士研究生，东方物探公司科技带头人。她的名字叫刘春芳，2004年度被评为河北省十佳女职工标兵。

她在高考时仅以几分之差而落榜，考虑到自己的家庭状况，她毅然决定去参加工作，于是，她成了湖北省地质队的一名测量记录工。在工作刚刚开始的时候,她对自己所从事的工作不知其然,这时,一种对知识的渴望在她心中油然而生。

当时,刘春芳居住在偏远的山村,没有电灯,生活条件非常艰苦。她让别人帮她在城里买了书,晚上在油灯下坚持夜读。功夫不负有心人,一年半后,她以第一名的好成绩考取了湖北省地质职工大学。这3年中的学习,使她在以后的工作中受益匪浅,同样是与大山相伴,同样是风餐露宿,可她体会到了知识给人带来的充实与自信。

工作8年以后,她又做出了她人生中的一个重要决定,报考全国重点院校——中国地质大学的研究生。然而,对她这么一个没有进过正规大学的人来讲,要想做到这件事是多么的不容易。她所遇到的第一个障碍就是英语,当时她的英语已被忘得所剩无几;第二个障碍是专业课,她接受的专业教育不管是教材或是深度,与正规的院校都有很大差别。不知多少个夜晚,她挑灯夜读,经过一年的刻苦复习,她终于如愿以偿地考进了中国地质大学研究生院,实现了自己的梦想。"勤奋好学,自强不息"是现代女性应所具备的基本品格,掌握知识和技能是一名女性自强自立的重要途径。

1995年,刘春芳毕业后,便来到了研究院地质研究中心,由于工作干的很出色,成为不多的几个女项目长之一,所承担的项目令她应接不暇。

从刘春芳工作以来,她所参加和负责的项目共有15个,涉及过很多大型油田。刘春芳正是凭着一种勤奋好学、爱岗敬业、自强不息的精神,攻克了一个又一个技术上的难关,其中有两个项目获得东方物探公司科技进步二等奖和技术创新奖,最后被聘为东方物探公司科技带头人。

第七章
人生不易，要努力生存

从一名普通工人成为一名硕士研究生，从一名普通职员成为科技带头人，她的这些经历正展现出了当代女性的亮丽风采。

"没有做不到，只怕想不到，只要想得到，就能做得到，只要做得到，就要做得好。"

孟子曰："天降大任于斯人也，必先苦其心志，劳其筋骨，饿其体肤，空乏其身，行拂乱其所为，以增益其所不能。"

只要拥有自强不息的意志、渊博的知识和独立思考的思维方式，就能开创一份惊人的事业。只有思想和意志是不能被剥夺的，这正好也是成就伟大事业的温床。

逆境的确可以促成一些人走上成功之路，因为这些人有着足够的毅力和上进心，有着与不幸拼搏的精神，能够抗拒逆境给其自身带来的种种磨难，可以使不幸转化为前进的动力，战胜逆境来体现人生的价值。正如鲁迅先生说的："真的猛士，敢于直面惨淡的人生，敢于正视淋漓的鲜血。"相反的，假如处在逆境中的人是个懦夫，不想去改变自己的命运，却整天为自己的不公平遭遇而抱怨，那么逆境对于他来说只不过是对他意志的消磨和对生命的浪费。逆境还可以使一些原本有着远大目标的人对自己失去信心，因为对坎坷前途的担忧而意志消沉，这样的人便会在逆境与不幸中一蹶不振了。

12 能力才是生存法宝

人无千日好，花无百日红。青春总在你不经意间悄悄逝去，容颜在岁月的剥蚀之下更难长久。殷实的家境和爱情的"饭票"，手里的房产证和股票，到底什么是最靠得住的资本呢？是自己的能力！

因出任申奥形象大使而赢得满堂喝彩的香港阳光文化网络电视有限公司主席杨澜，再次让人们睁大了双眼，阳光文化以部分换股、部分现金的方式拥有了新浪16%的股权。杨澜在不动声色中坐上了新浪第一股东的交椅。这位外表柔弱美丽的女孩再一次展示了她"全能女人"的风采。而在杨澜的成功神话中，最经典的就是她的"智慧"。

这还仅仅是对于单身的女人来说的。相对于热恋或正在感受婚姻幸福的女人来说，独立的能力绝对是增值的最大法宝。

就像众多美女们向往成为诸如电影《2046》里的黑珍珠，《甜蜜蜜》里的展翅一样，她们皆希望同主人公一样因为独立而显得充满自

第七章
人生不易，要努力生存

信，令自己平添了一种令人赞赏的迷人气质，让美女的价值加倍暴增。

那么，如何才能强化这种独立的能力呢？两个方面——精神与物质上的独立，它们缺一不可。

精神上的独立对于人来说是至关重要的。精神世界的独立是对自己的确认，当一个人的精神世界被别人支配时，这个人就十分悲哀了。哪怕他依然具有很强的工作能力，依然在物质上保持绝对独立，但是精神世界的坍塌对任何一个人来说都是不能承受的，这会使人丧失掉继续生活的勇气，又或者，为了保留继续生活的勇气，而不得不祈求别人的怜悯施舍。

只有获得了在精神上的独立，才可以完全按自己的感觉来操纵自己，在此基础之上，才能拥有清醒的头脑和对生活的激情。

当然，在这个繁华的世界中，物质上的独立能力也是不容忽视的，得到金钱的手段也是多种多样的，希望你在拥有了一切美好的祝福之后，寻找到最适合自己的赚取金钱的方法！

作为一个成年人，不管在什么情况下，向人张嘴、伸手要钱花，都是一件让人心里不舒服的事情，所以，拥有自己的收入真的非常重要，哪怕是仅够自己消费，那也是值得自豪的事情。

投入到一份得心应手与热爱的事业中上去，不仅可以使你在物质上独立，还能收获颇多的人生乐趣，让你享受创造价值的愉悦，推动社会的进步。

生活中总有一些人喜欢用自己的道德去评价别人的良心，用自己的欲望去衡量别人混得好还是不好。其实关于幸福和成功，本书讲述的仅是锦上添花的细节。实际上，只要既能保持住自己良心的清白，又能在这个世界赚得物质生活独立，这样的人就是成功的人，这样的人生就

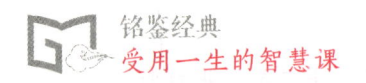

是足以被很多人艳羡的人生了。

生存不易，让我们一起努力。